高 等 学 校 教 材

实验工程制图习题集

林大钧　编著

化学工业出版社
·北京·

本习题集是根据教育部高等学校工程图学教学指导委员会2005年“普通高等学校工程图学课程教学基本要求”编写的《实验工程制图》教材的配套用书。包含的内容有：投影制图与实验；轴测、透视投影与实验；计算机绘图与编程；工程图形设计与实验；零件图与装配图。

本习题集可作为高等学校机械类、化工类各专业《实验工程制图》课程的配套教材也可供轻工、食品、环境等相关专业选用。

图书在版编目（CIP）数据

实验工程制图习题集/林大钧编著．—北京：化学工业出版社，2009.7
高等学校教材
ISBN 978-7-122-05297-1

Ⅰ．实…　Ⅱ．林…　Ⅲ．工程制图-高等学校-习题　Ⅳ．TB23-44

中国版本图书馆CIP数据核字（2009）第063631号

责任编辑：金玉连　　装帧设计：杨　北
责任校对：凌亚男

出版发行：化学工业出版社（北京市东城区青年湖南街13号　邮政编码100011）
印　　刷：北京永鑫印刷有限责任公司
装　　订：三河市前程装订厂
787mm×1092mm　1/8　印张11　字数299千字　2009年7月北京第1版第1次印刷

购书咨询：010-64518888（传真：010-64519686）　售后服务：010-64518899
网　　址：http://www.cip.com.cn
凡购买本书，如有缺损质量问题，本社销售中心负责调换。

定　　价：20.00元

前　言

本习题集根据教育部高等学校工程图学教学指导委员会2005年“普通高等学校工程图学课程教学基本要求”编写，与作者编著的《实验工程制图》教材配套，适用于高等学校机械类、化工类等专业的实验工程制图教学。

本习题集的选编以培养学生应用工程图样的能力为主，突出以实验为手段进行图形设计和构形能力的训练。为适应计算机绘图技术的发展，特别加强了计算机二维图形绘制、三维造型及CAD二次开发的内容。习题集内容包括：投影制图与实验；轴测、透视投影与实验；计算机绘图与编程；工程图形设计与实验；零件图与装配图等。其中，投影制图与实验与教材第1章对应；轴测、透视投影与实验与教材第2、3章对应；计算机绘图与编程与教材第4～6章对应；工程图形设计与实验与教材第7～10章对应；零件图与装配图与教材第11、12章对应。不同专业在选用时可根据本专业特点、教学时数、教学方法的不同而对习题、实验内容及顺序作适当的筛选和调整。

鉴于时间、水平和能力的限制，书中难免有不妥之处，恳请广大读者批评指正。

编著者

2009.3

目　录

1. 投影制图与实验

1.1 正投影法

(1) 根据下列物体的立体图分析其形成过程并画出六面视图（尺寸由立体图按 1∶1 量取）。

① 该物体可以分解成哪几种简单形体？分别用立体草图表达。

② 在所画的立体草图上指出其特征形状，并说明简单形体的形成方式。

③ 分析该物体至少用几个视图可以表达完整，为什么？

④ 分析该物体用几个及哪几个视图表达最好。

⑤ 画出该物体的六面视图。

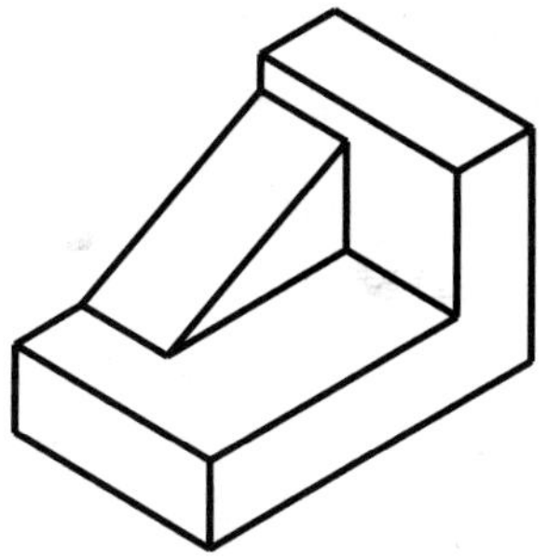

1

(2) 根据下列物体的立体图分析其形成过程并画出六面视图（尺寸由立体图按 1∶1 量取）。

① 该物体可以分成哪几种简单形体？分别用立体草图表达。

② 在所画的立体草图上指出其特征形状，并说明简单形体的形成方式。

③ 分析该物体至少用几个视图可以表达完整，为什么？

④ 分析该物体用几个及哪几个视图表达最好。

⑤ 画出该物体的六面视图。

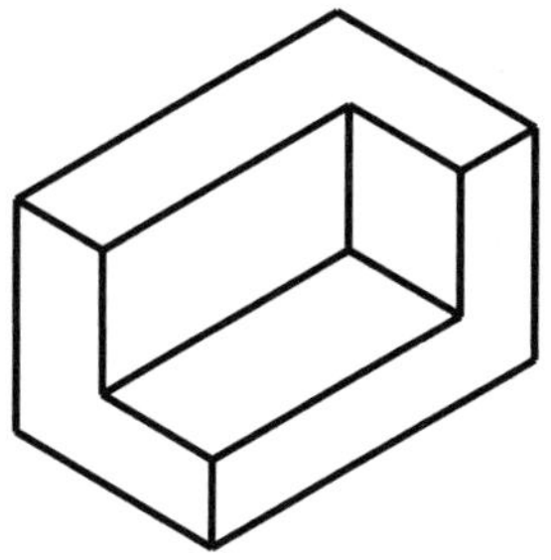

2

班级__________ 姓名__________ 学号__________

(3) 对照立体图，将对应的视图号填入表中。

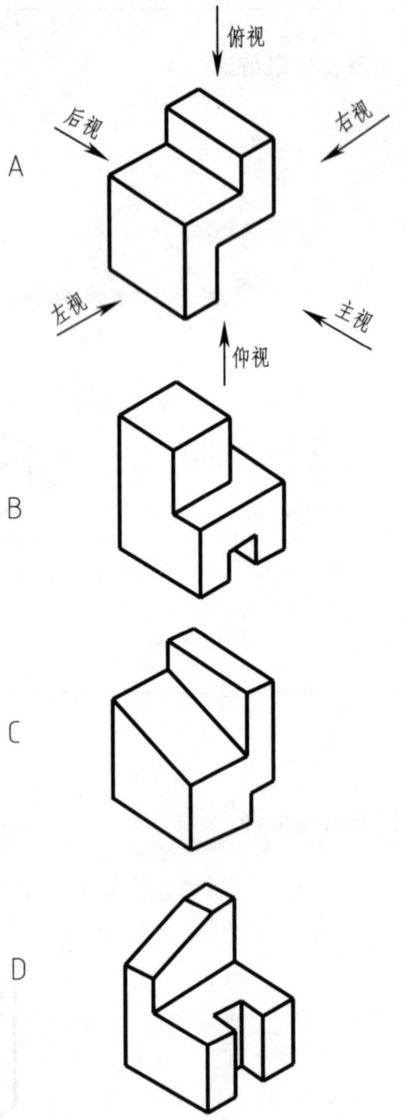

立体图号	主视图	俯视图	左视图	右视图	仰视图	后视图
A						
B						
C						
D						

3

班级＿＿＿＿＿＿姓名＿＿＿＿＿＿学号＿＿＿＿＿＿

(4) 根据下列物体的立体图分析其形成过程并选用一组视图进行合理的表达（尺寸由立体图按 1∶1 量取）。

① 该物体可以分成哪几种简单形体？分别用立体草图表达。

② 在所画的立体草图上指出其特征形状，并说明简单形体的形成方式。

③ 选用一组视图对该物体进行合理的表达。

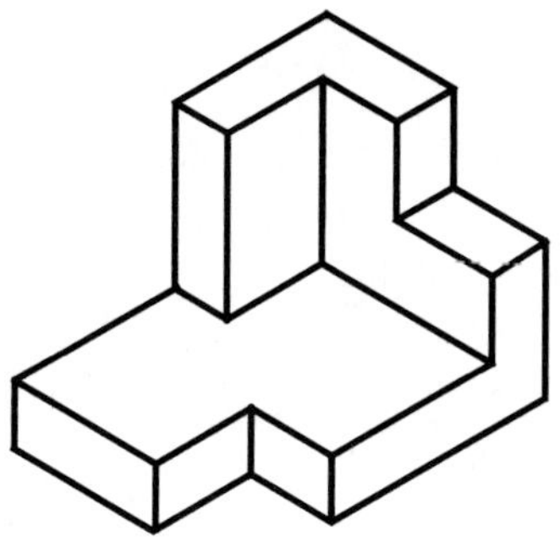

4

(5) 根据下列物体的立体图分析其形成过程并选用一组视图进行合理的表达（尺寸由立体图按 1∶1 量取）。

① 该物体可以分成哪几种简单形体？分别用立体草图表达。

② 在所画的立体草图上指出其特征形状，并说明简单形体的形成方式。

③ 选用一组视图对该物体进行合理的表达。

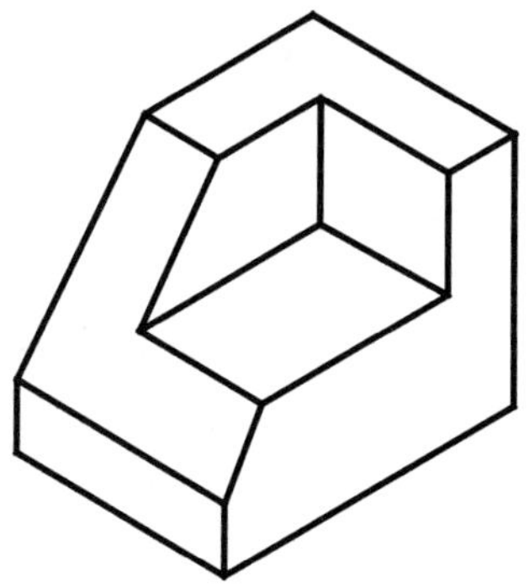

5

班级____________ 姓名____________ 学号____________

（6）根据立体图和已知视图，分析其形成过程，在适当位置画出仰视图和后视图，并标注视图名称。

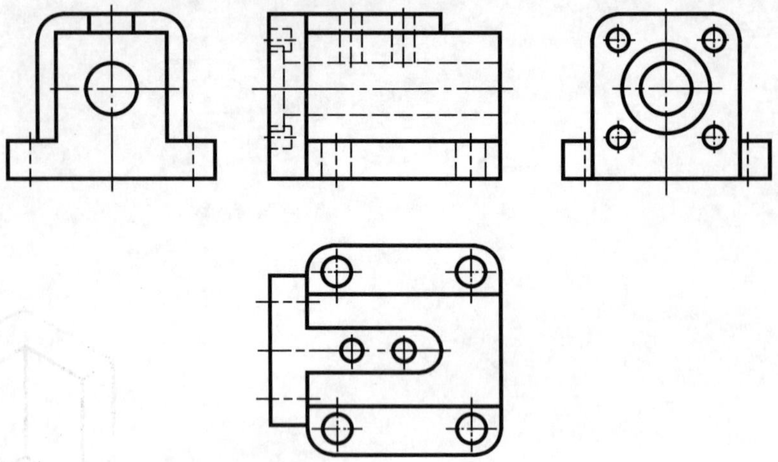

① 该物体可以分成哪几种简单形体？分别用立体草图表达。

② 在所画的立体草图上指出其特征形状，并说明简单形体的形成方式。

③ 画出该物体的仰视图和后视图，并标注视图名称。

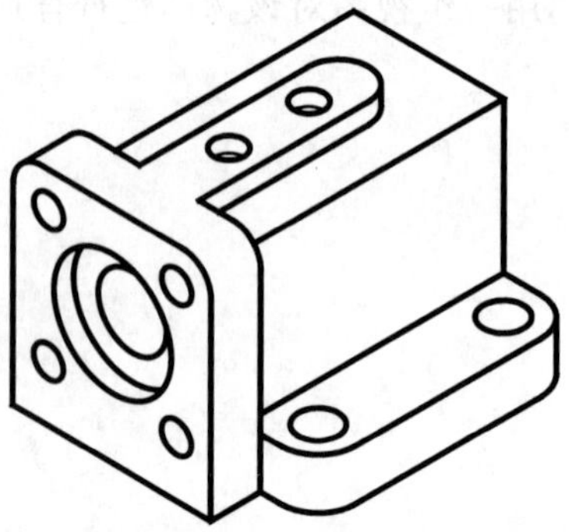

6

班级＿＿＿＿＿＿姓名＿＿＿＿＿＿学号＿＿＿＿＿＿

（7）按图中箭头所示，在对应视图上标注视图名称。

① 阅读视图，分析该物体可以分成哪几种简单形体？分别用立体草图表达。
② 在所画的立体草图上指出其特征形状，并说明简单形体的形成方式。

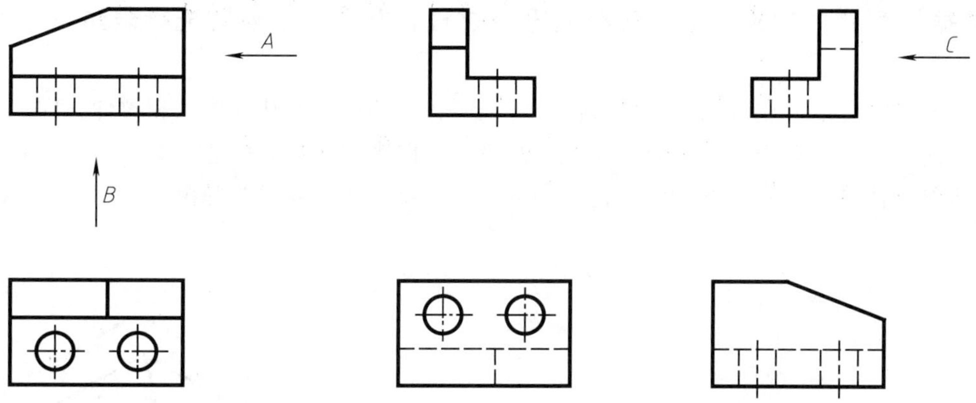

③ 在对应视图上标注视图名称。

7

1.2 组合体视图

(1) 根据下列物体的立体图，分析其形成过程，并用一组视图进行表达（尺寸由立体图量取）。

① 分析该物体可以分成哪几种拉伸形体？且说明各拉伸形体的基面形状和拉伸方向。
② 以同向拉伸体最多的那个方向作为主视图投射方向来配置视图表达方案。
③ 分析该物体最少用几个及哪几个视图即可得到完整表达，并说明理由。

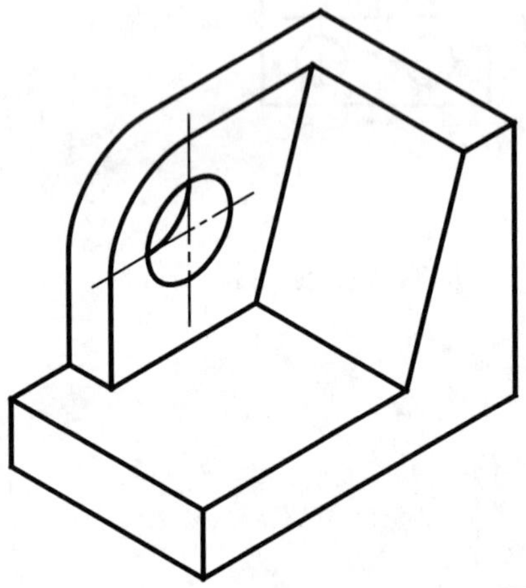

8

① 分析该物体可以分成哪几种拉伸形体？且说明各拉伸形体的基面形状和拉伸方向。
② 以同向拉伸体最多的那个方向作为主视图投射方向来配置视图表达方案。
③ 分析该物体最少用几个及哪几个视图即可得到完整表达，并说明理由。

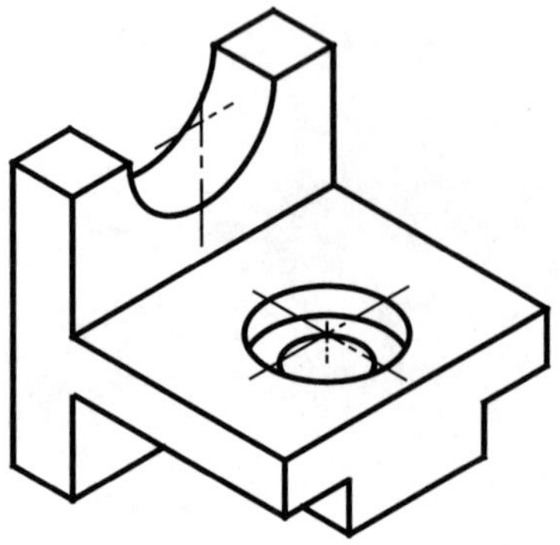

9

① 分析该物体可分成哪几种拉伸形体？且说明各拉伸形体的基面形状和拉伸方向。
② 选择哪个方向作为主视图投射方向较好？按所选方向配置物体的表达方案。
③ 分析该物体最少用几个及哪几个视图即可得到完整表达，并说明理由。

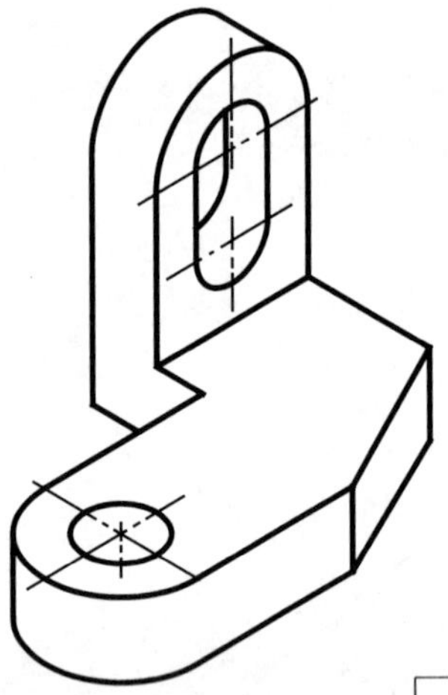

10

① 分析该物体可以分成哪几种拉伸形体？且说明各拉伸形体的基面形状和拉伸方向。
② 选择哪个方向作为主视图投射方向较好？按所选方向配置物体的表达方案。
③ 分析该物体最少用几个及哪几个视图即可得到完整表达，并说明理由。

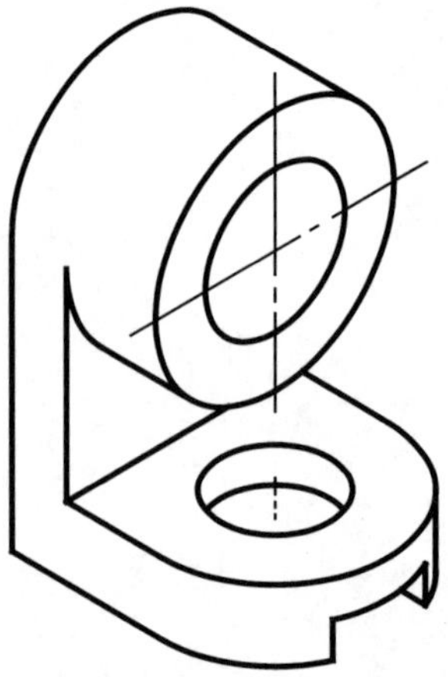

11

班级__________ 姓名__________ 学号__________

（2）根据已知尺寸，按 1∶1 的比例在 3 号图纸上画出物体的主、俯、左三个视图，并标注尺寸。

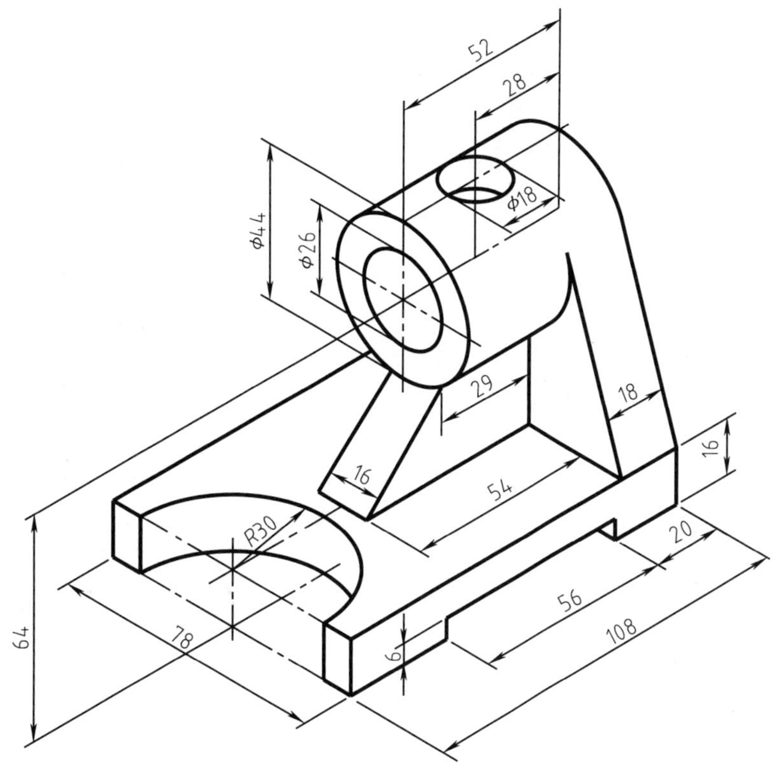

12

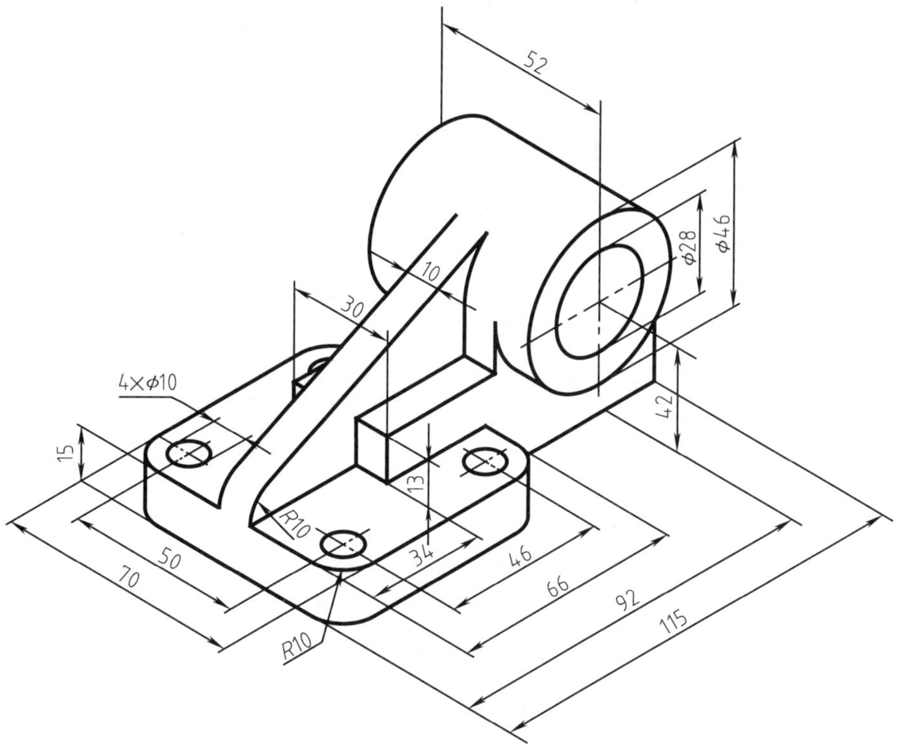

13

1.3 尺寸标注

试在下列视图上标注尺寸（尺寸数值按 1∶1 的比例在视图中量取），并指出哪些是定形尺寸，哪些是定位尺寸。

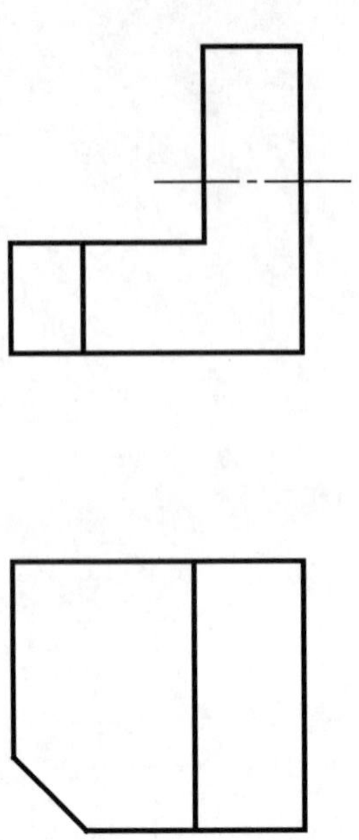

定形尺寸：

定位尺寸：

14

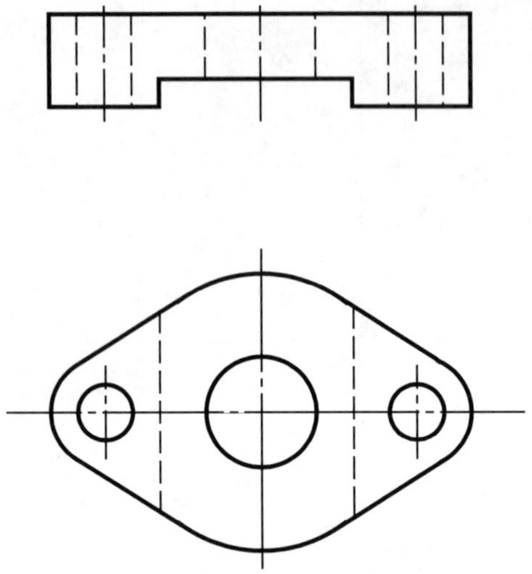

定形尺寸：

定位尺寸：

15

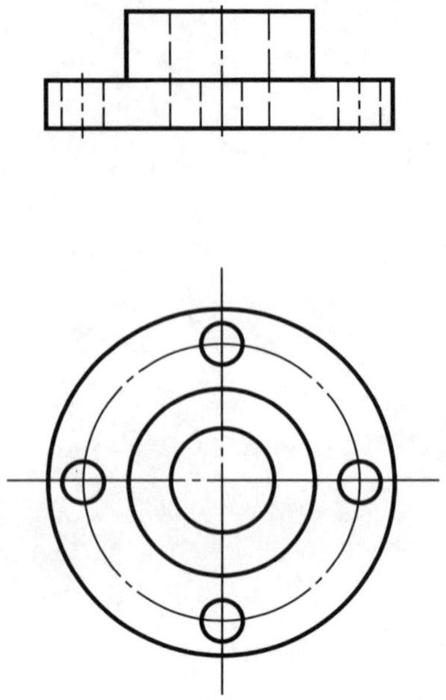

定形尺寸：

定位尺寸：

16

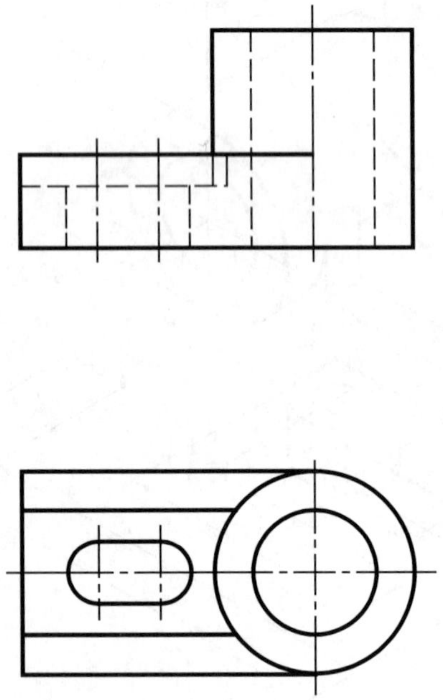

定形尺寸：

定位尺寸：

17

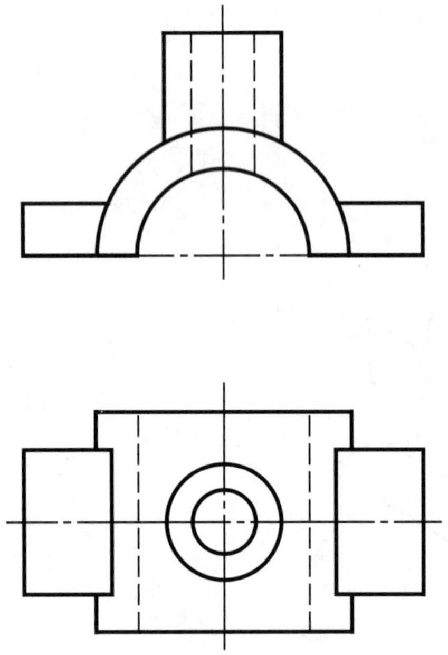

定形尺寸：

定位尺寸：

18

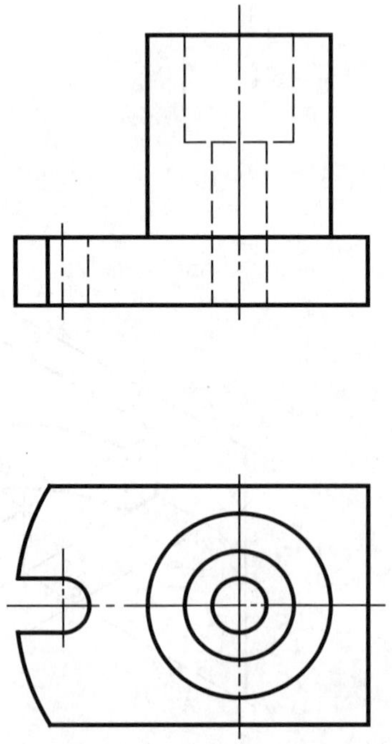

定形尺寸：

定位尺寸：

19

班级__________姓名__________学号__________

1.4 构形制图

(1) 根据下列已知的主视图，分别构思三种不同的组合体，并画出它们的左、俯视图。

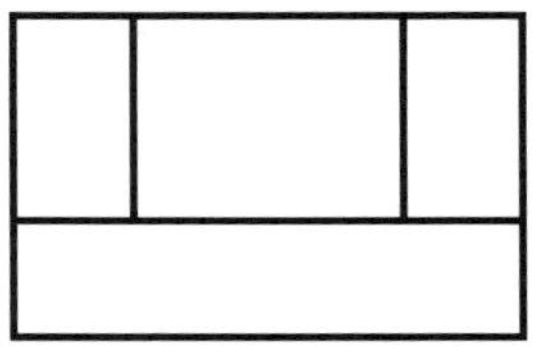

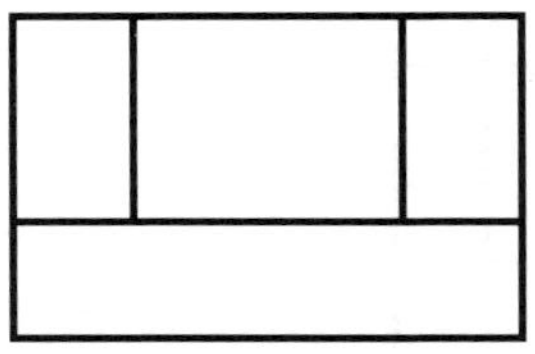

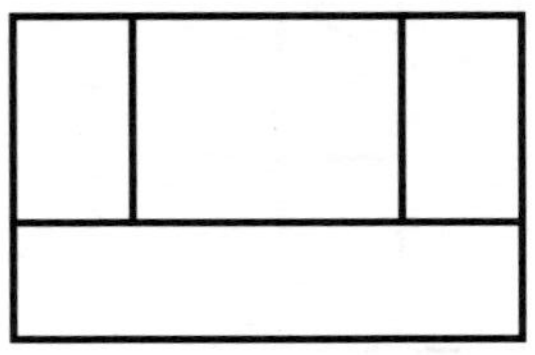

20

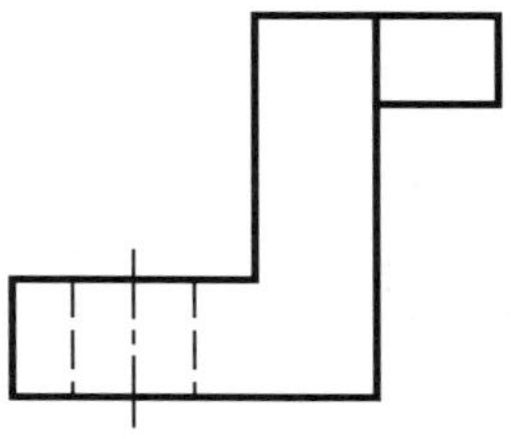

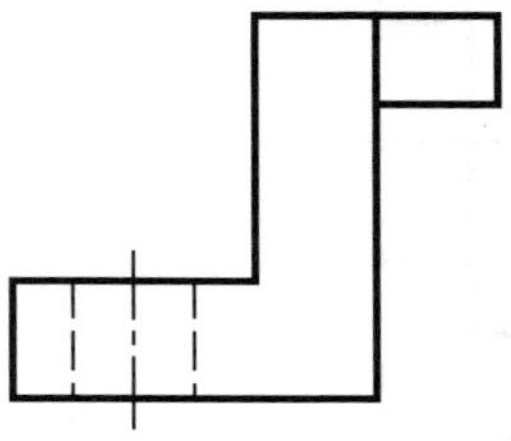

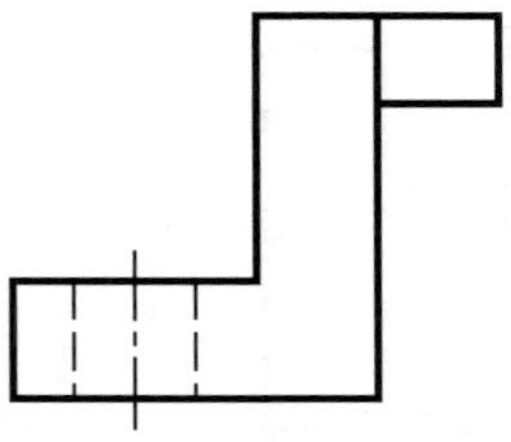

21

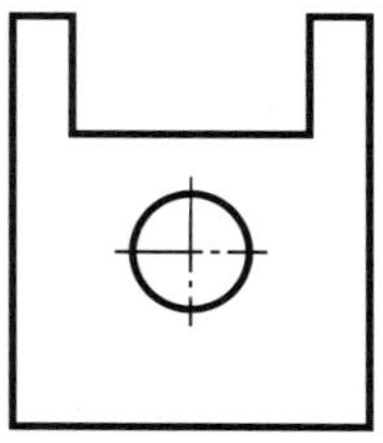

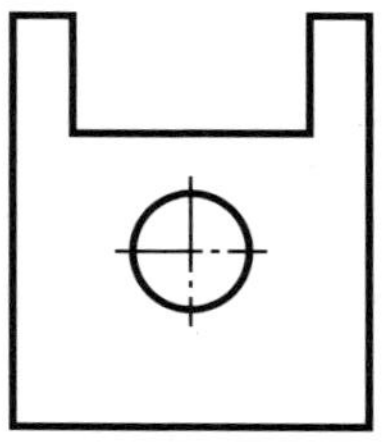

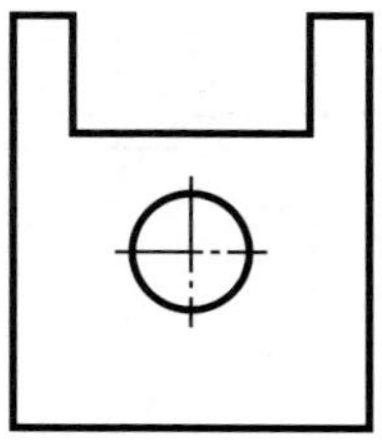

22

（2）根据已知的主视图，构思不同形状的组合体，并画出另外两个视图。

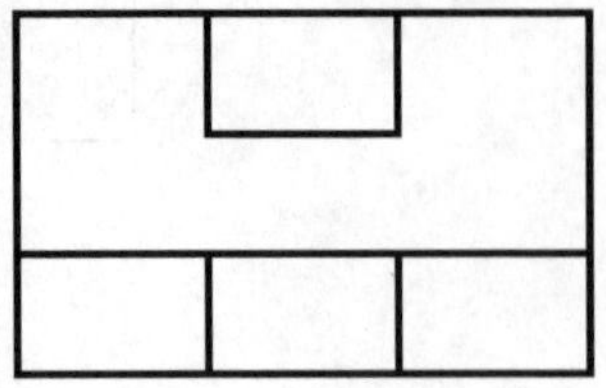
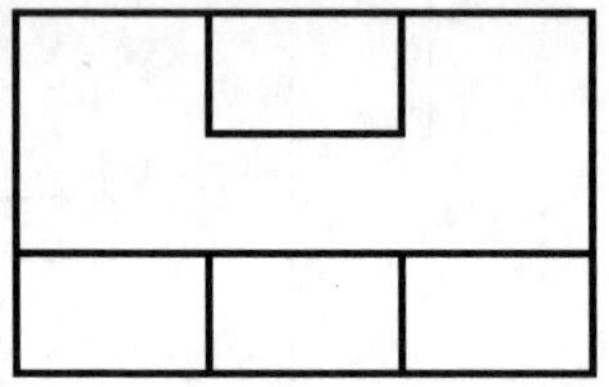
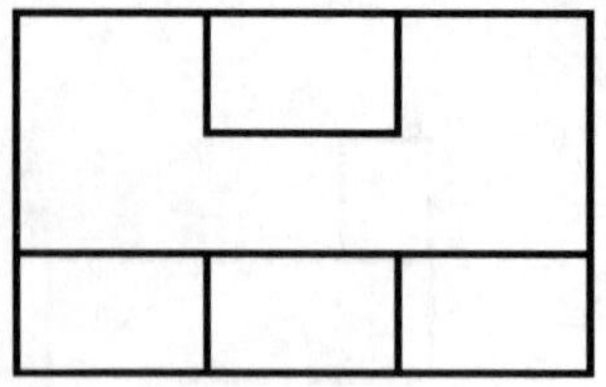
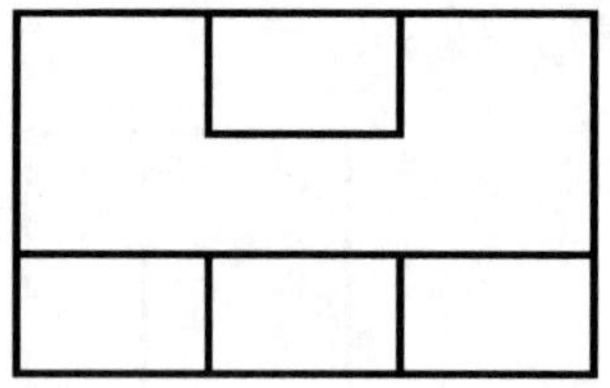

23

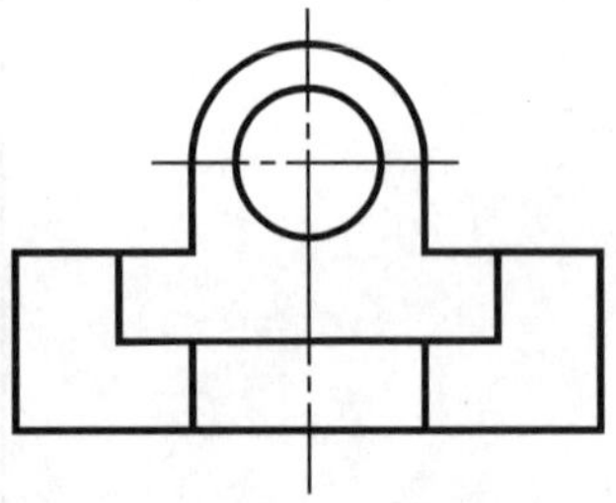
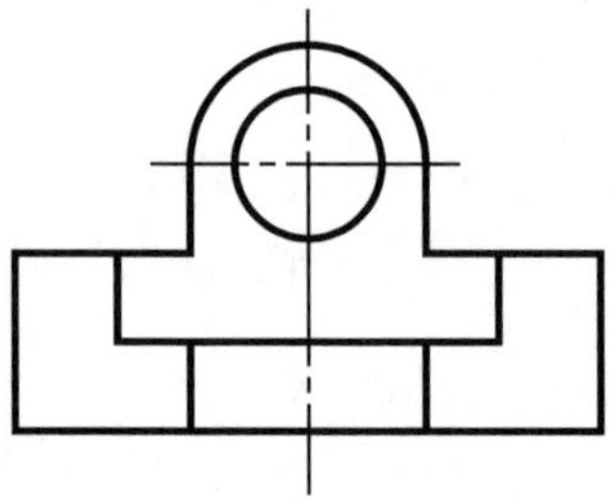
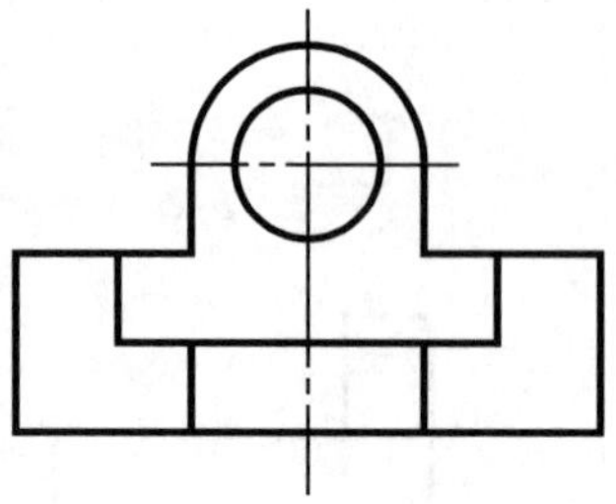
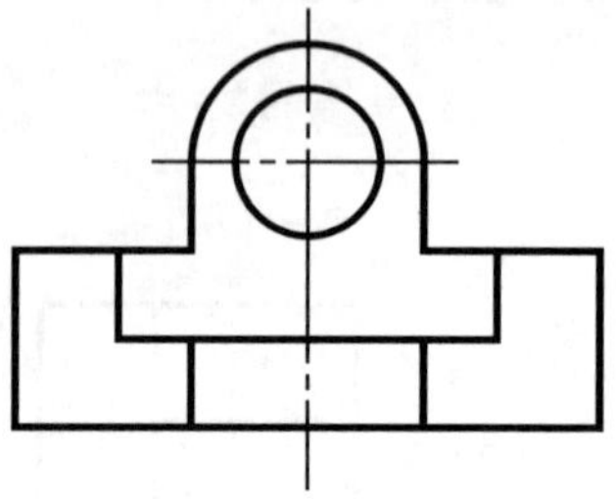

24

（3）根据已知的三视图，想象物体的形状，构思一个与之相嵌合，且成为一个完整圆柱的物体，并画出其三视图。

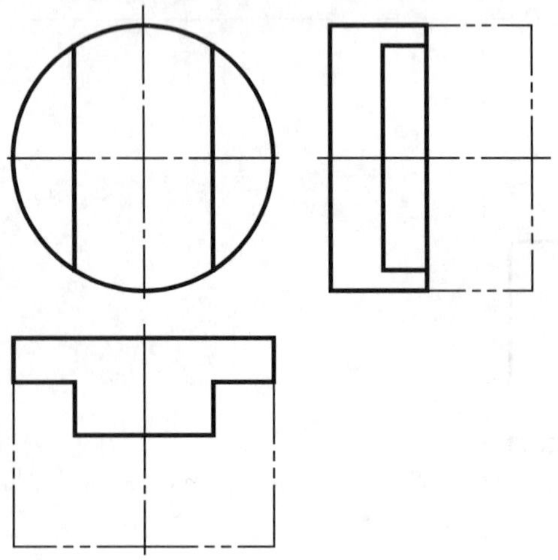

25

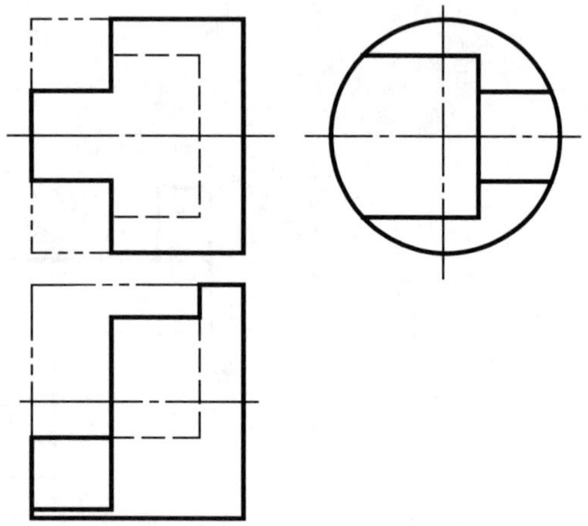

26

班级＿＿＿＿＿＿＿＿姓名＿＿＿＿＿＿＿＿学号＿＿＿＿＿＿＿＿

1.5 机件表达方法

(1) 用一组合适的视图表达下面立体图所示的机件（已画出主视图）。

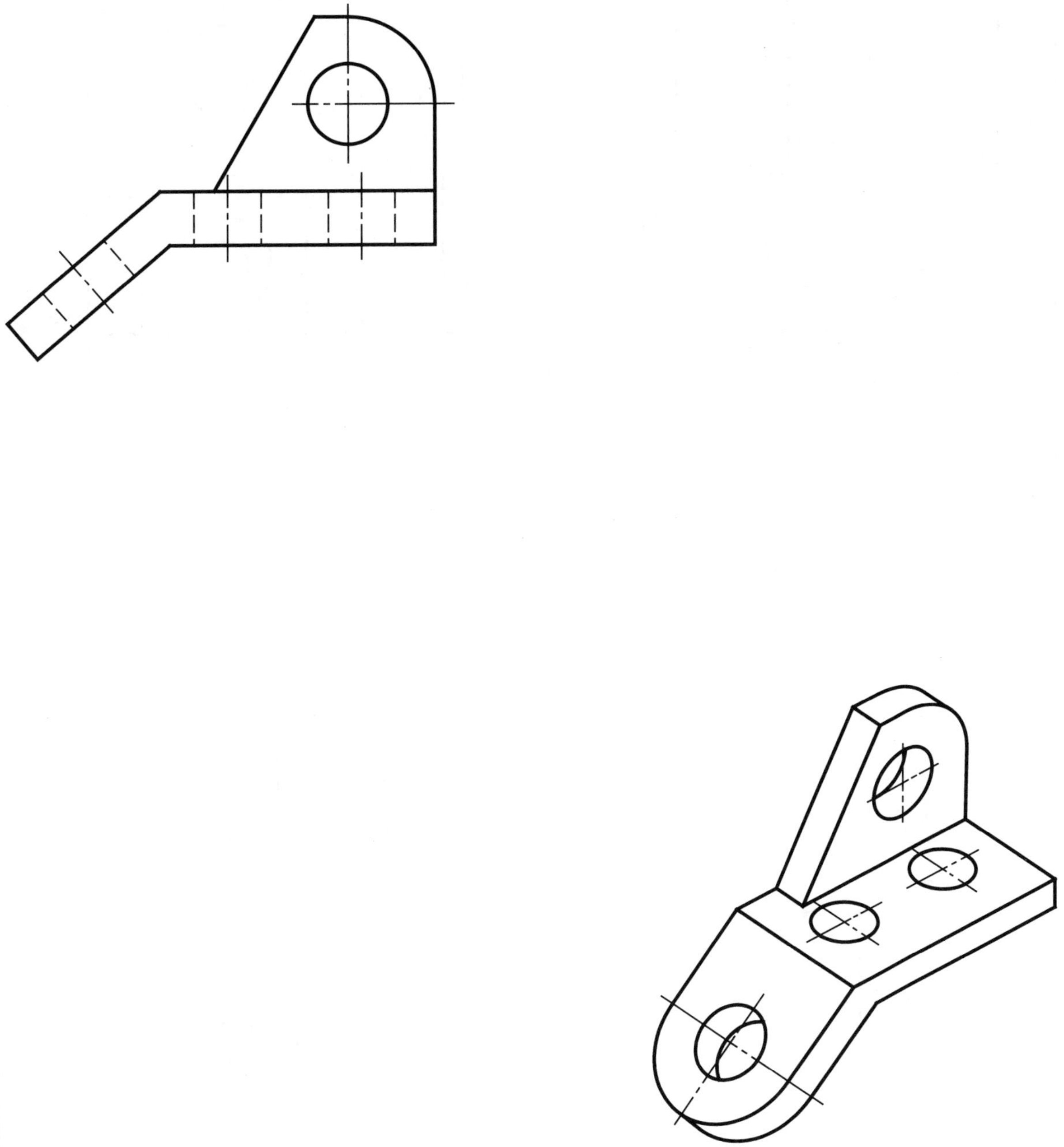

27

(2) 根据机件的立体图画出三视图，其中主视图画成全剖视图。

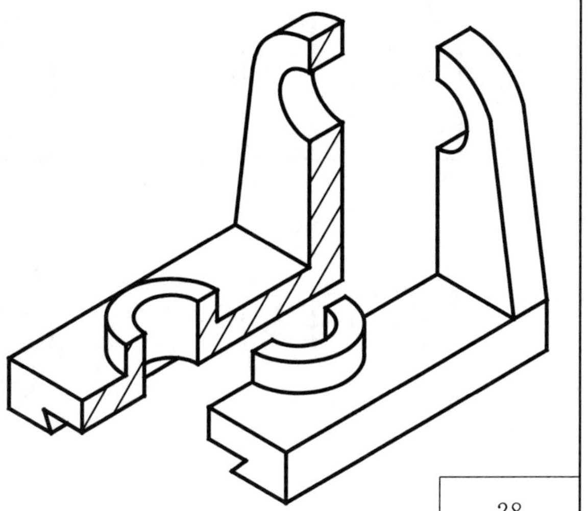

28

(3) 参照机件的立体图补画出全剖的主视图。

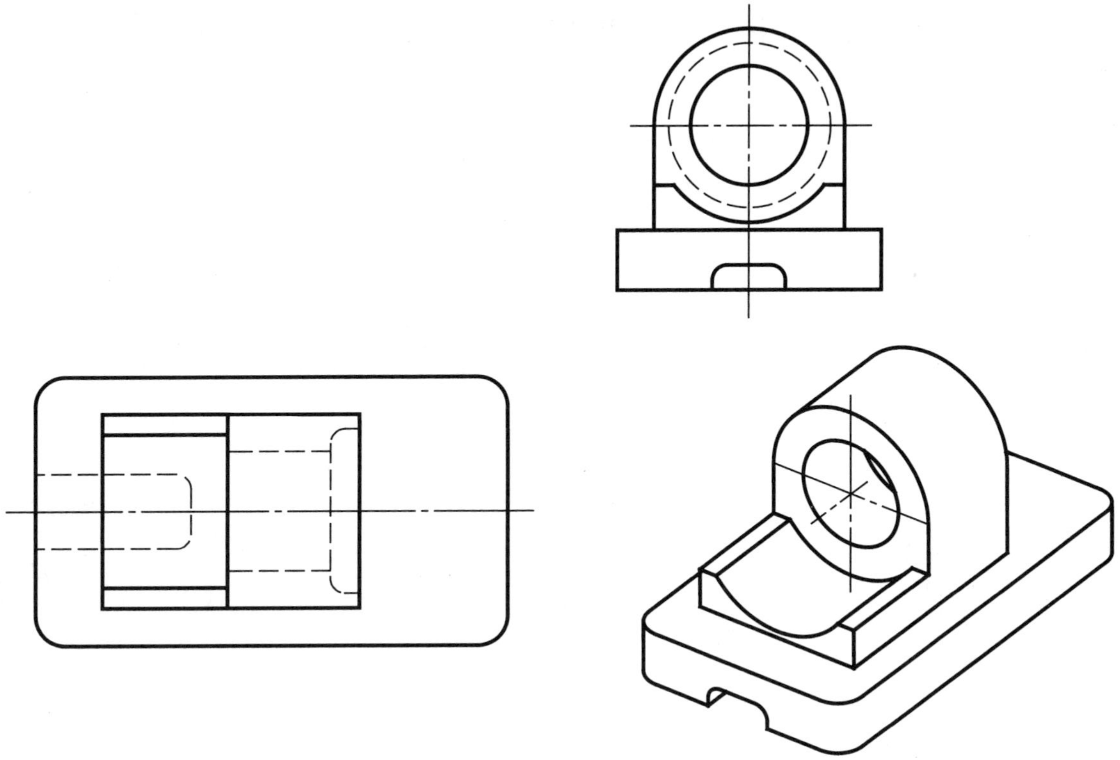

29

班级________ 姓名________ 学号________

(4) 改正剖视图中的错误（将缺少的线补上，多余的线打“×”）。

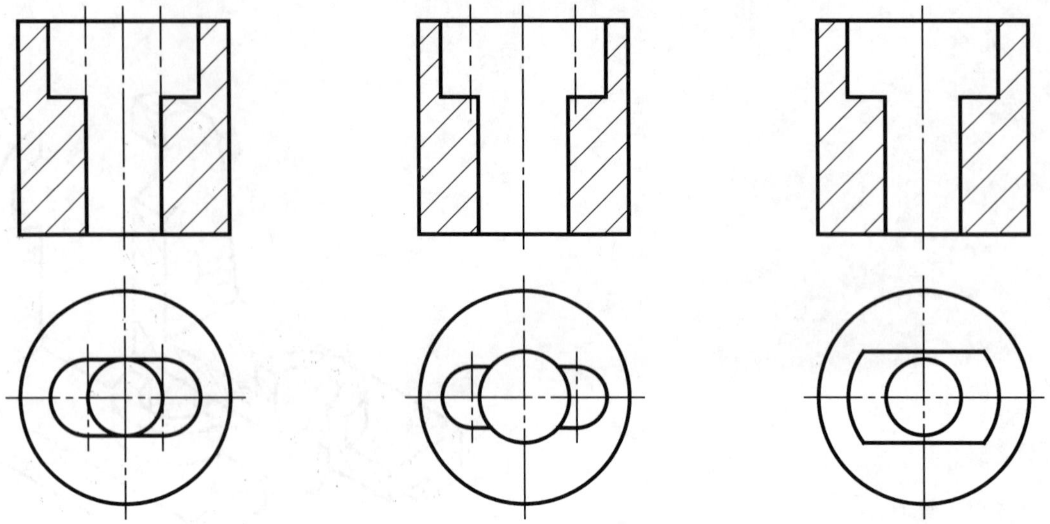

30

(5) 分析下面机件剖视图中的错误，并在指定位置画出正确的剖视图。

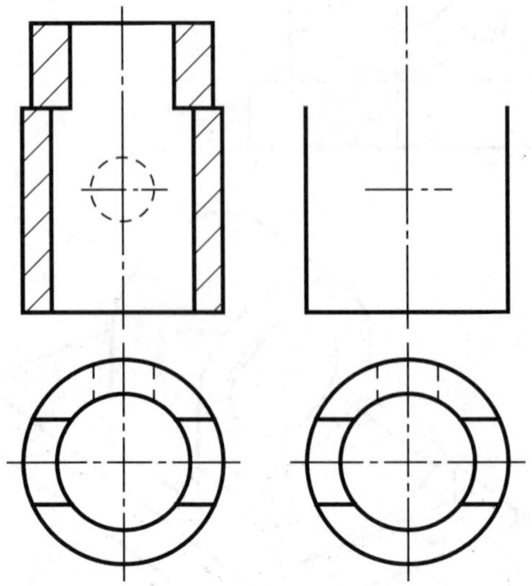

31

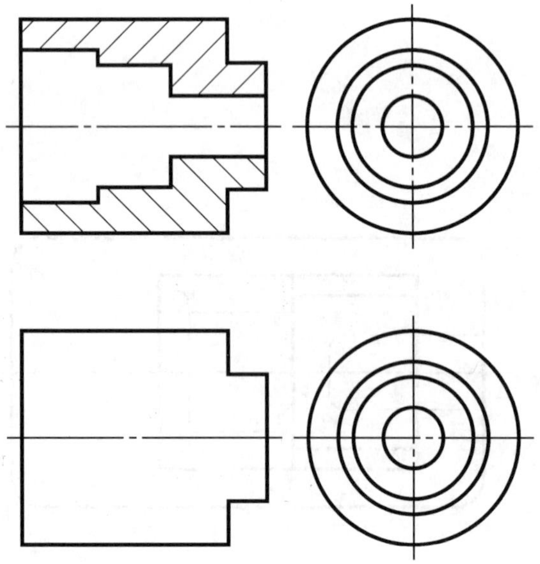

32

(6) 将下面机件的主视图改画成全剖视图。

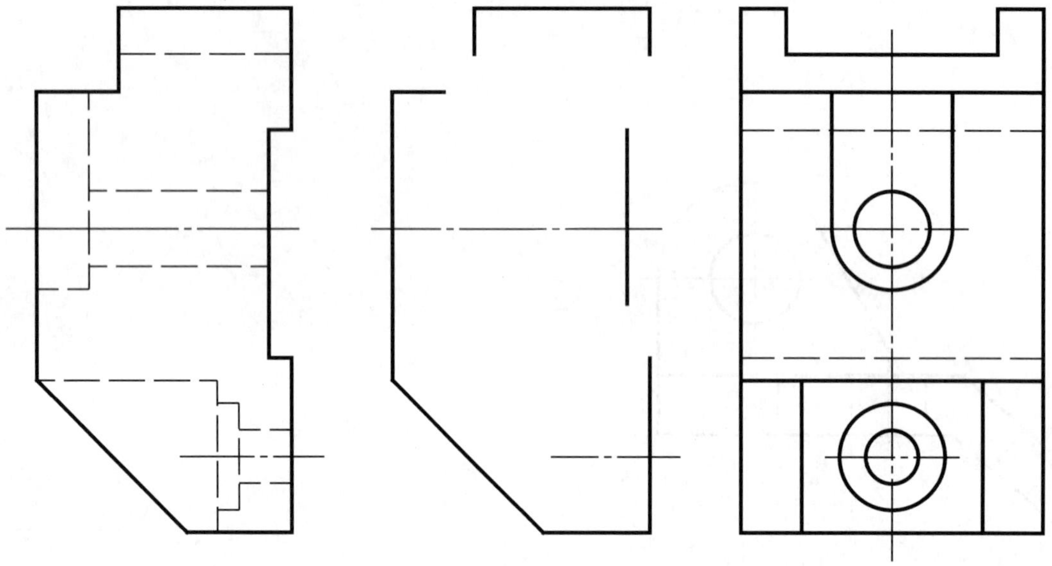

34

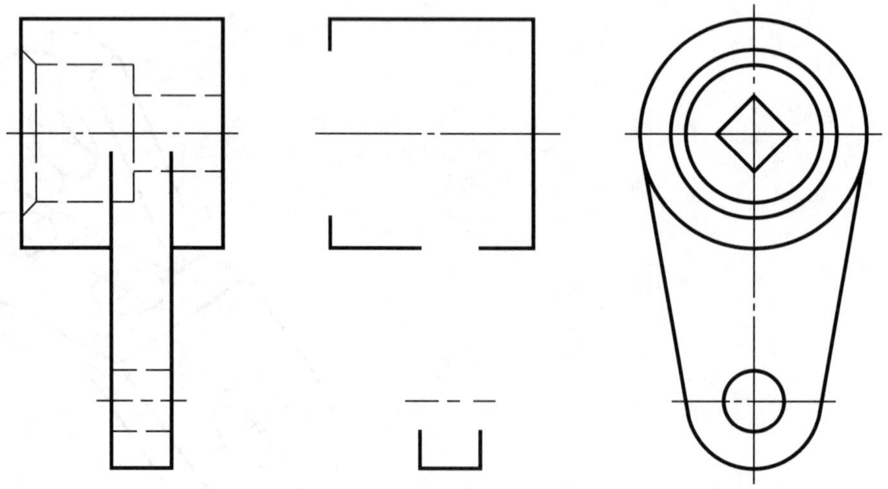

33

班级____________姓名____________学号____________

(7) 画出下面机件的 *C—C* 全剖视图。

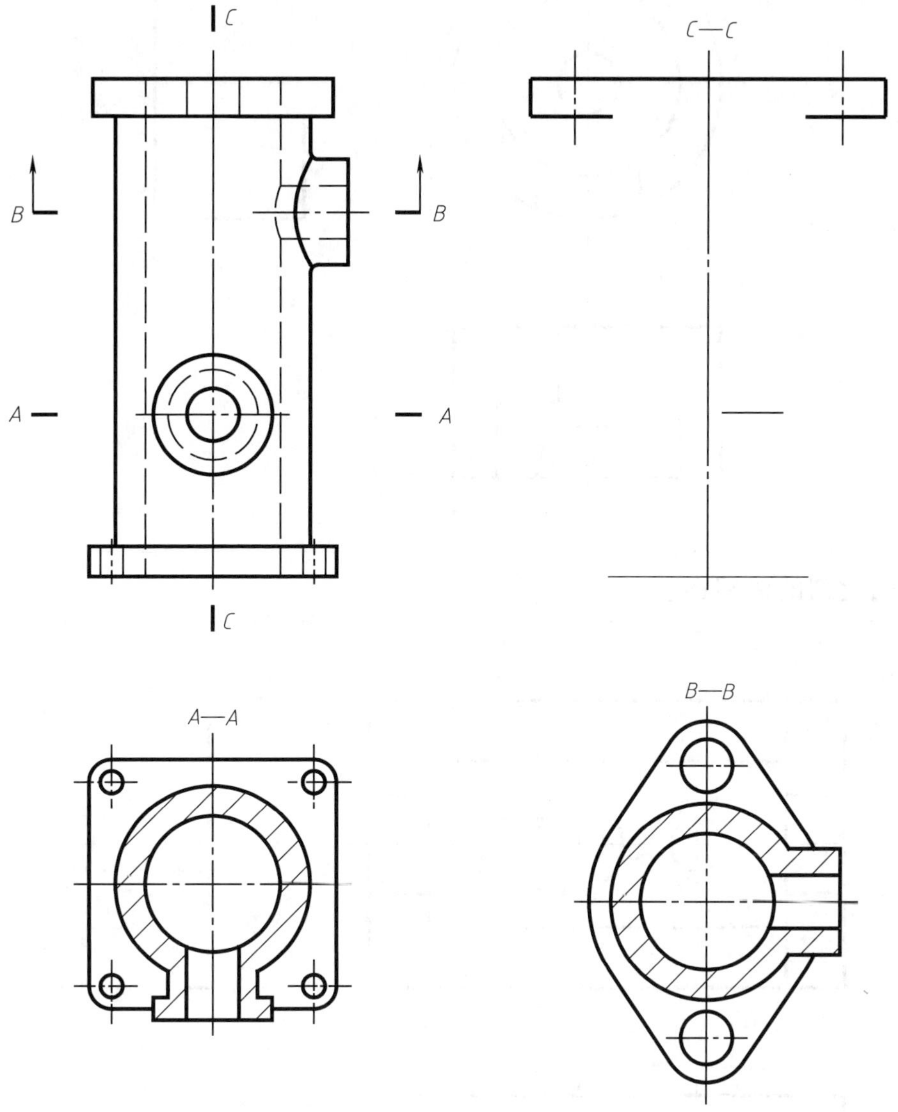

35

(8) 完成主视图（取半剖视图），并标注出机件的尺寸（数值取整，由图量取）。

37

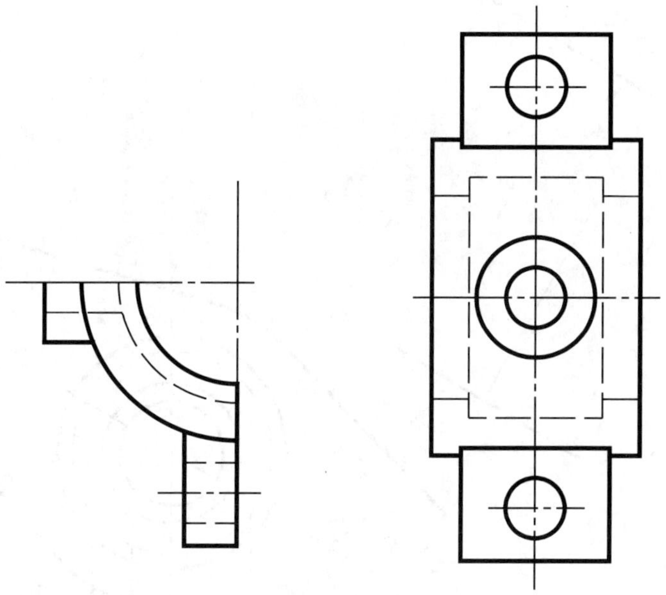

36

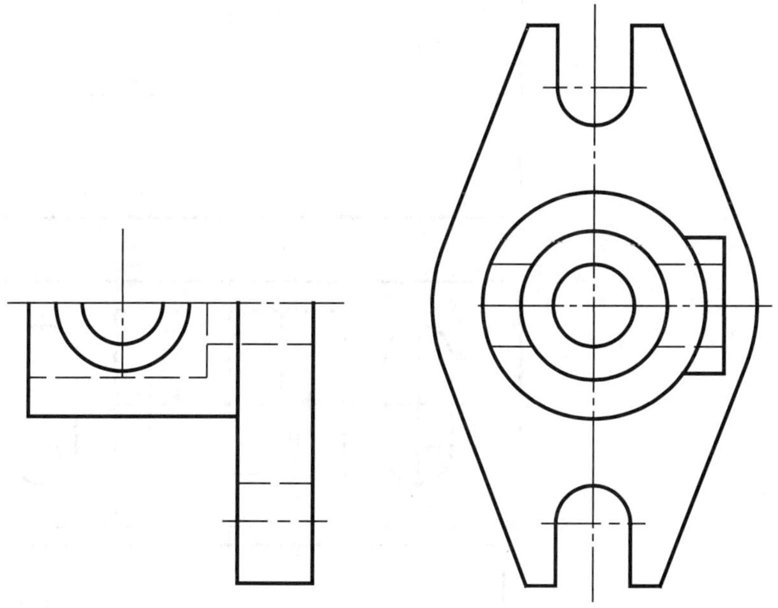

(9) 在指定位置画出 ***A—A*** 斜剖视图和 ***B—B*** 剖视图。

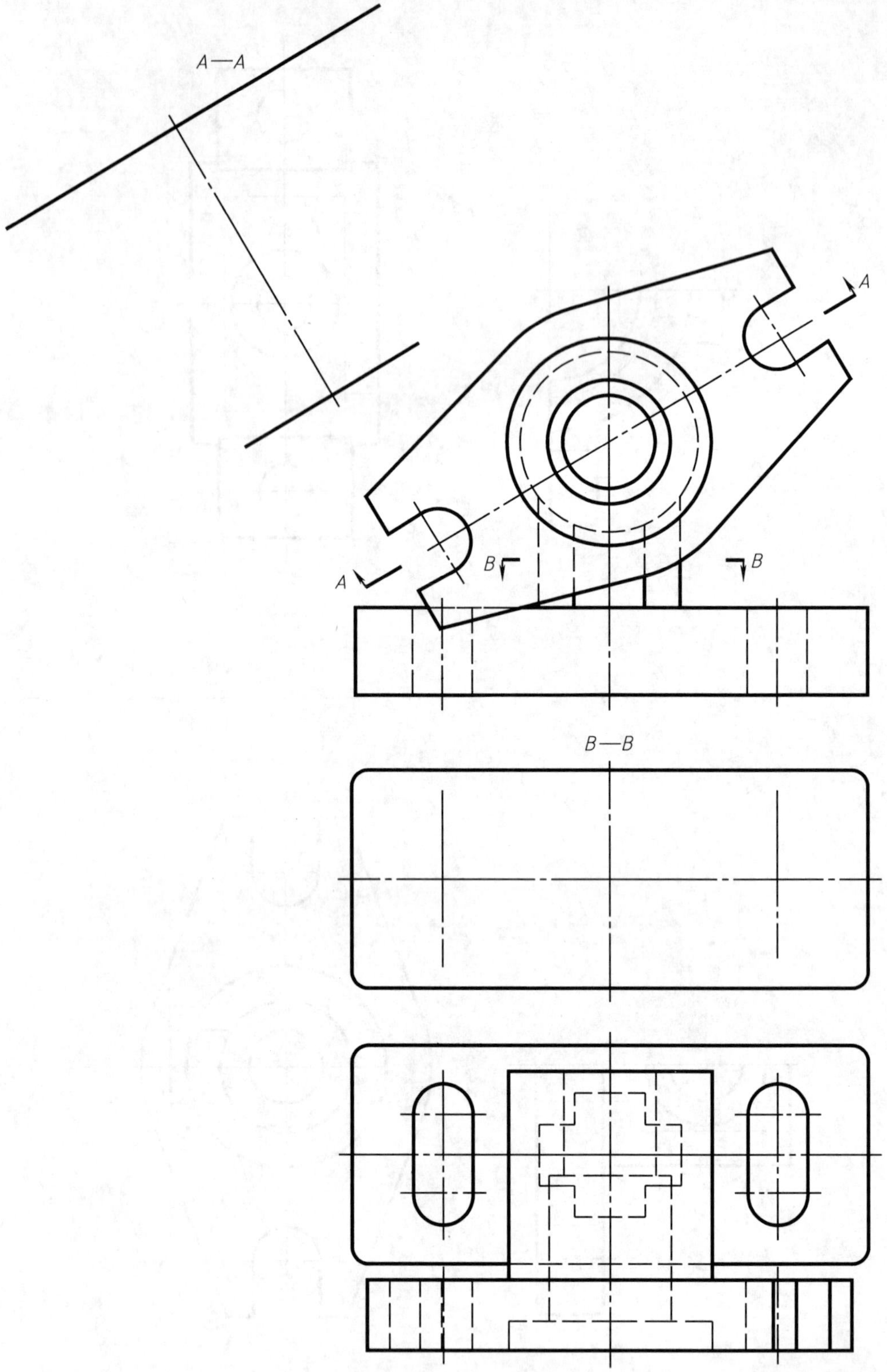

38

(10) 补画全剖的左视图。

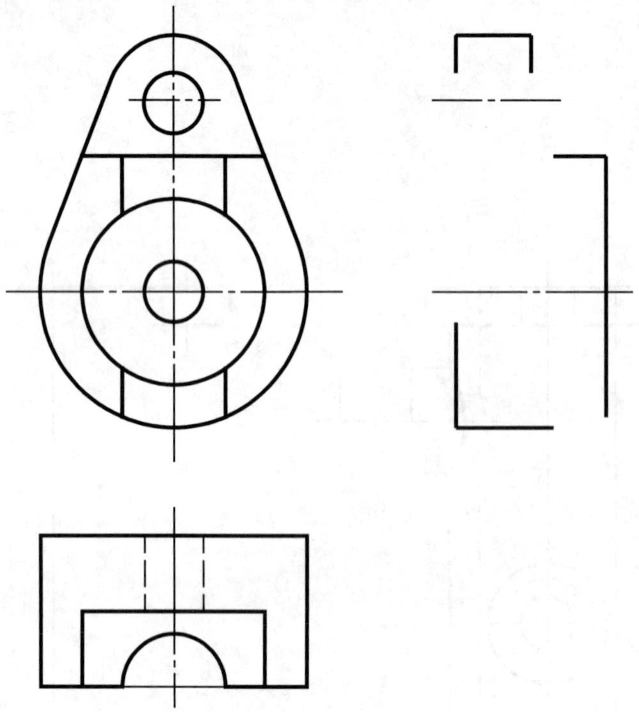

39

(11) 补画全剖的俯视图。

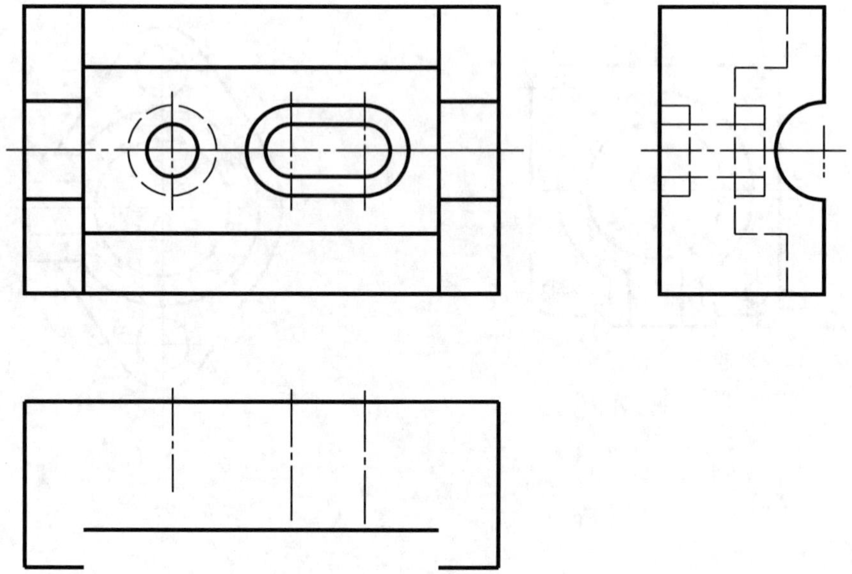

40

班级________________姓名________________学号________________

（12）在指定位置，将主视图画成全剖视图，并补画半剖的左视图。

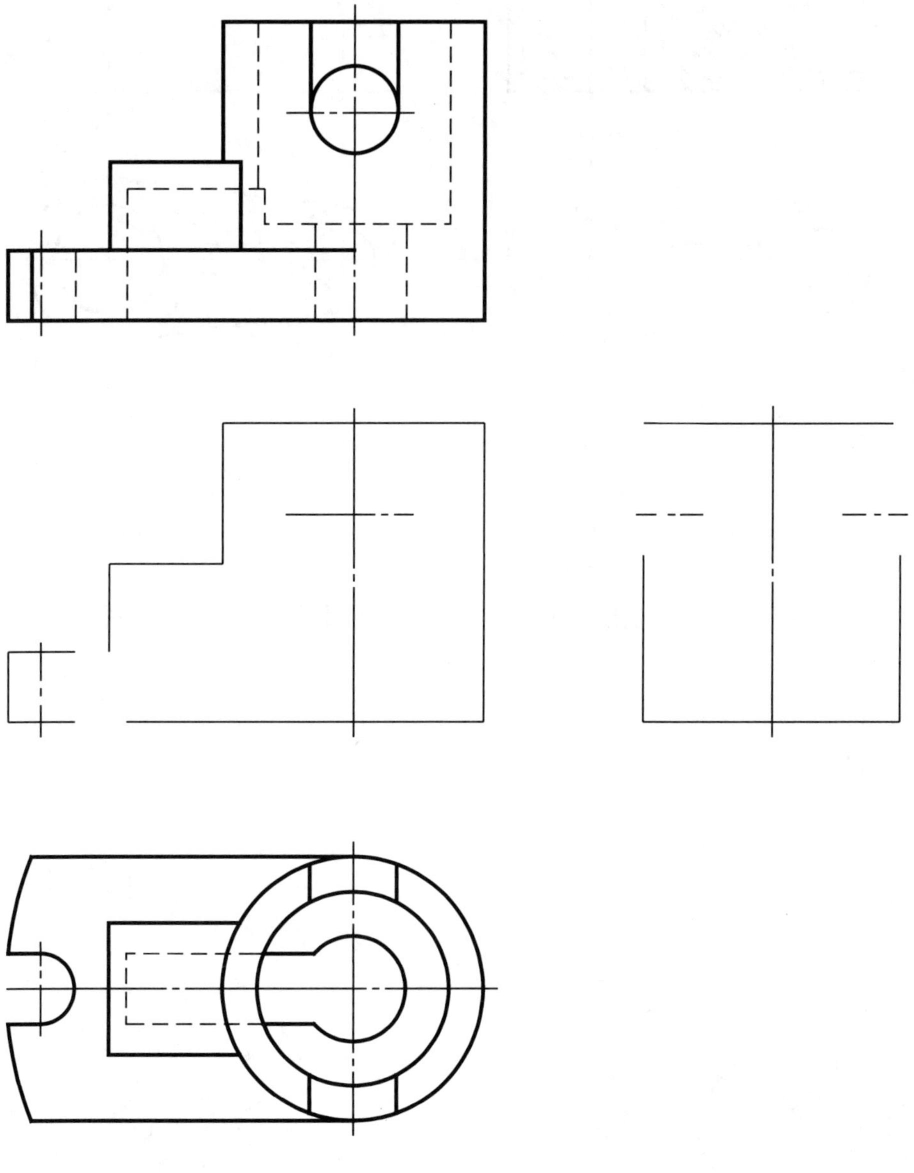

41

（13）在指定位置，将主视图和左视图改画成适当的剖视图。

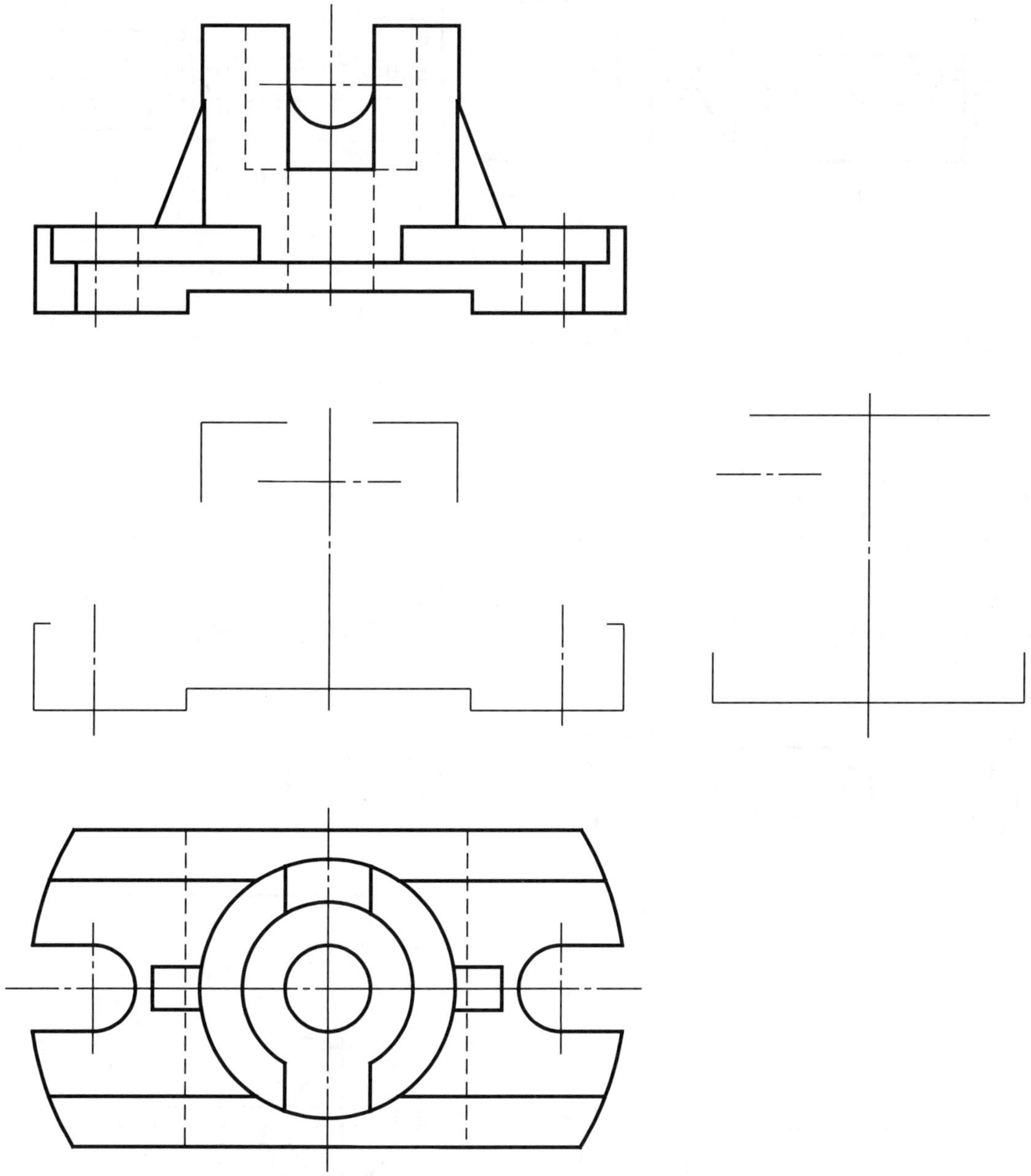

42

（14）画出轴上指定位置的断面图（左面键槽深 4mm，右面键槽深 3mm）。

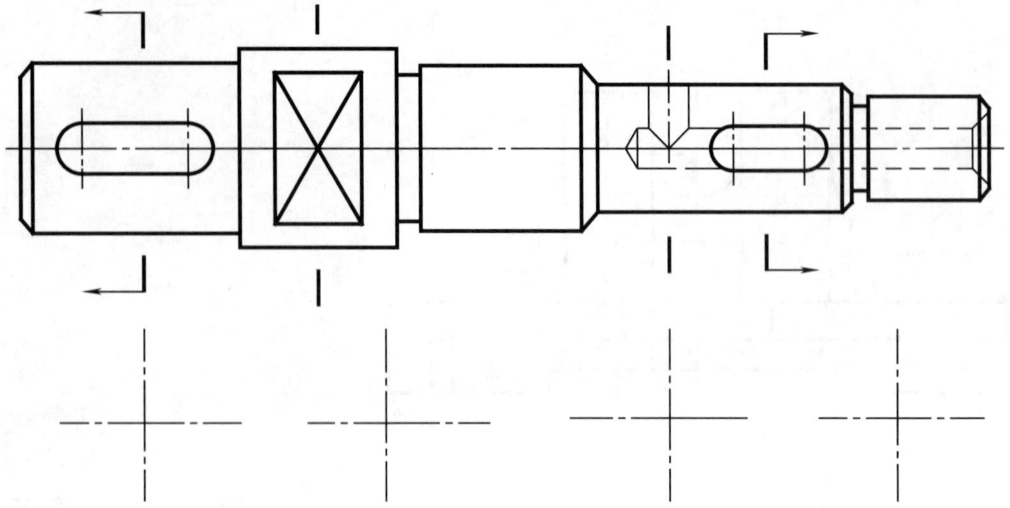

43

（15）在右边指定位置画出正确的全剖视图。

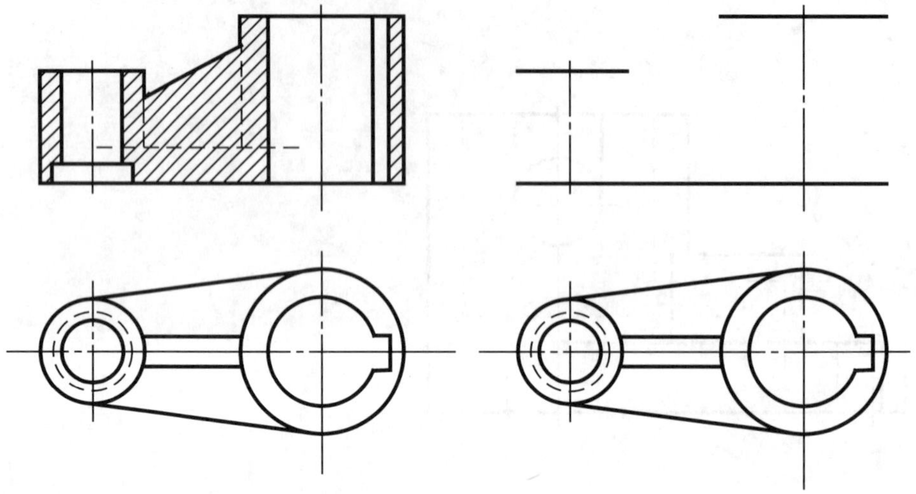

44

（16）画出肋板的移出断面图。

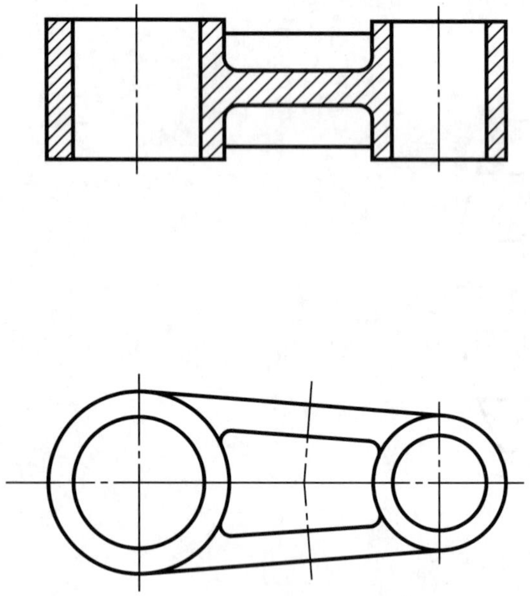

45

（17）画出肋板的重合断面图。

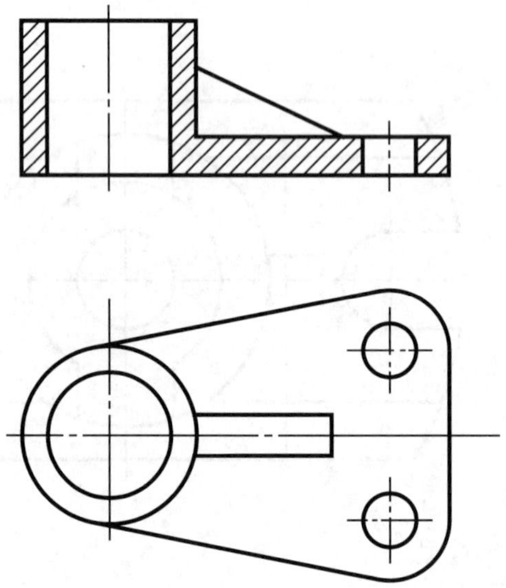

46

（18）按剖视的简化画法，在指定位置将机件的主视图画成全剖视图。

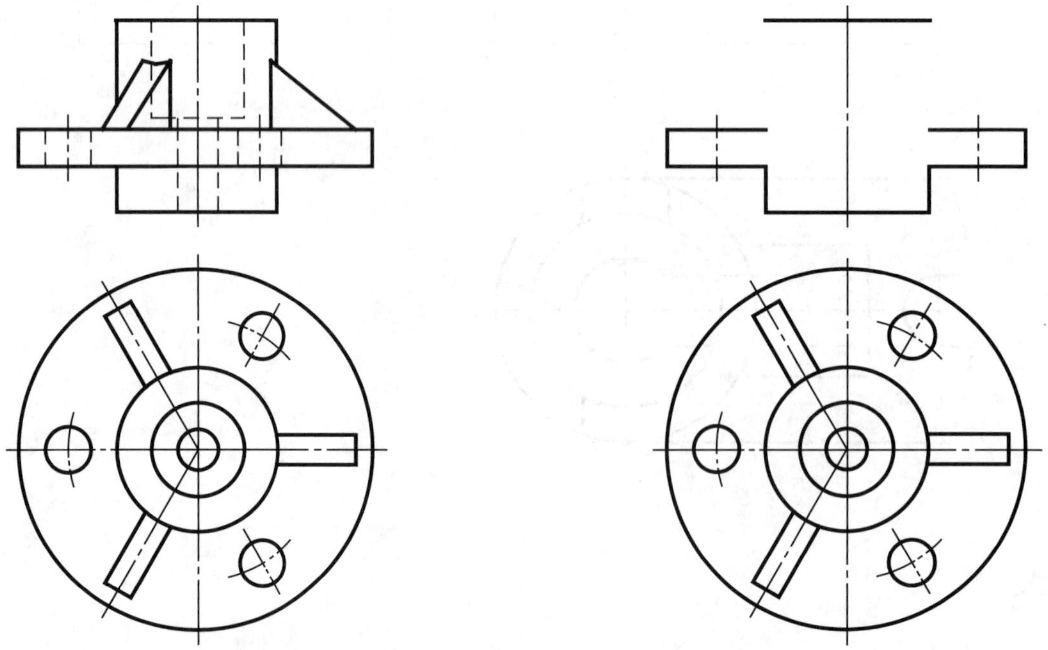

47

班级__________ 姓名__________ 学号__________

(19) 选用一组合适的视图方案表达下面的机件（画在 3 号图纸上）。

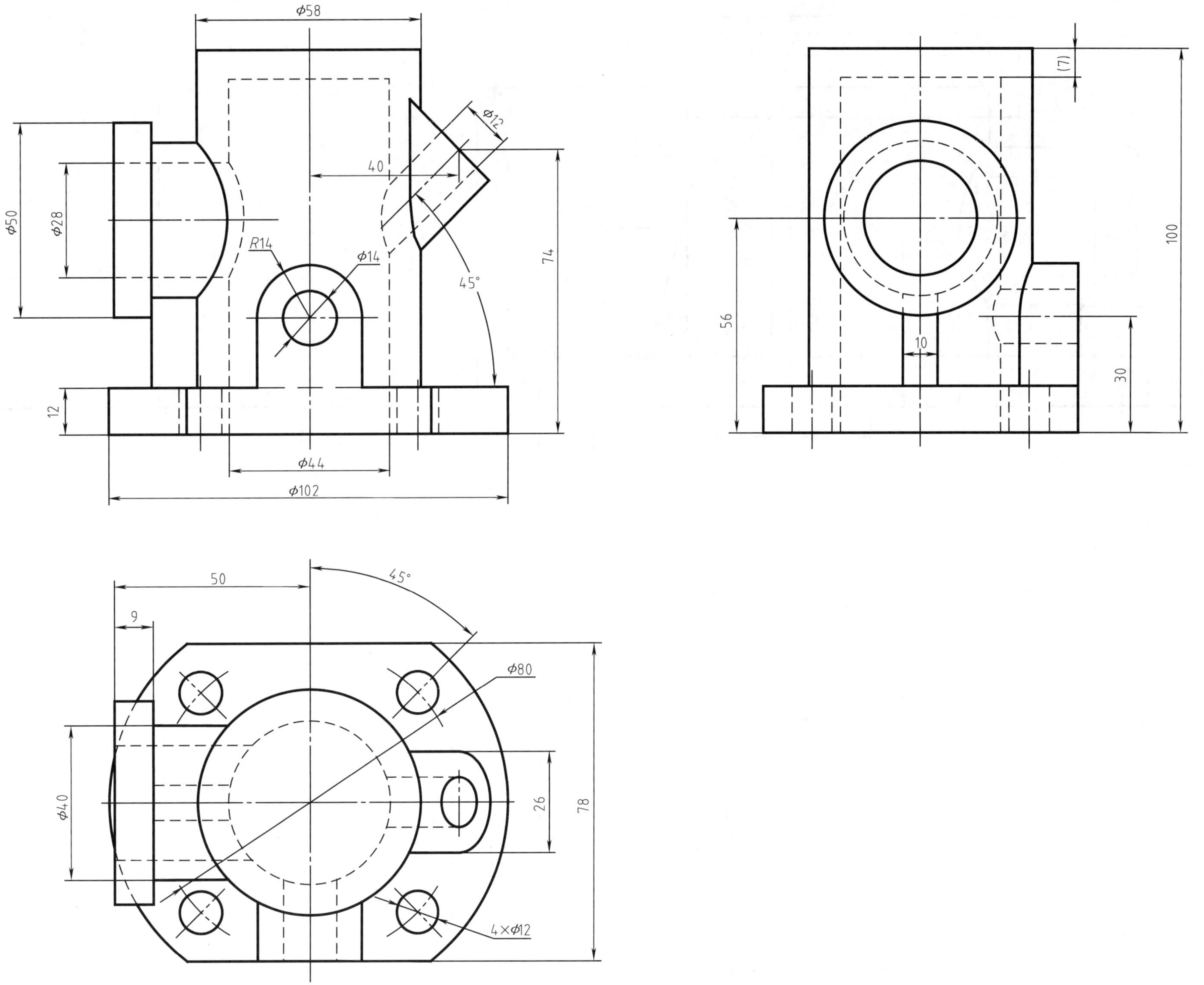

48

(20) 在 3 号图纸上，采用适当的比例画出下面机件的三视图（选用合适的剖视）。

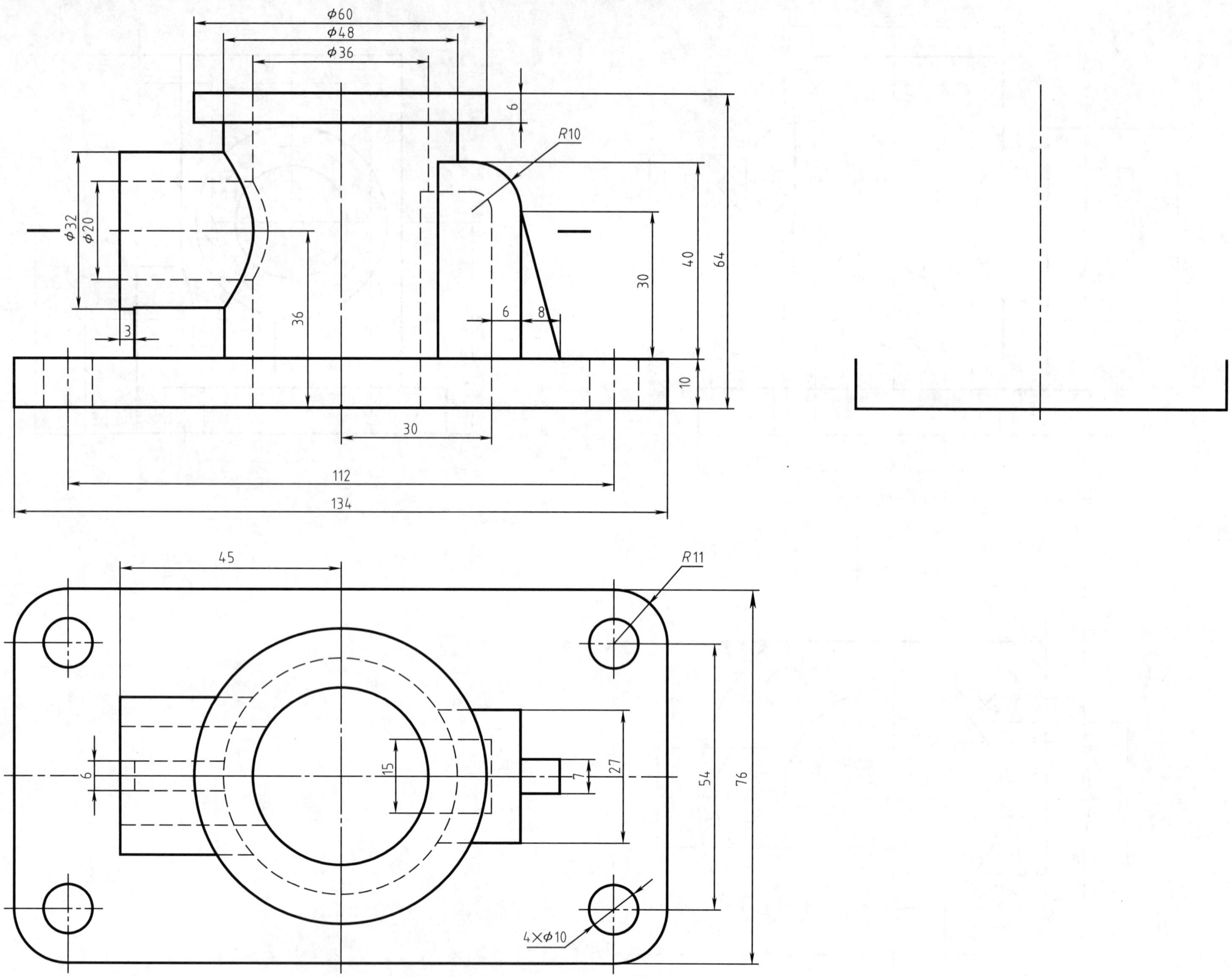

49

班级＿＿＿＿＿＿姓名＿＿＿＿＿＿学号＿＿＿＿＿＿

1.6 空间度量定位实验

(1) 下列各题要求以图解为基础，建立数学模型，编写计算程序（学习第 6 章后）。

① 求直线 *AB* 的实长和对 *H*、*V* 投影面的倾角

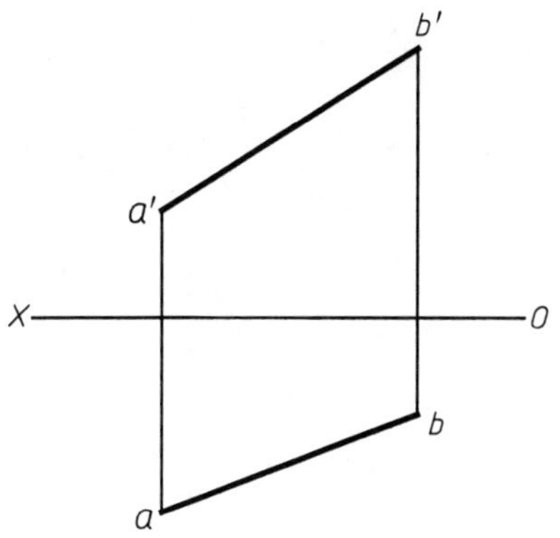

50

② 已知∠*ABC* 为 45°，求 *BC* 的 *H* 面投影。

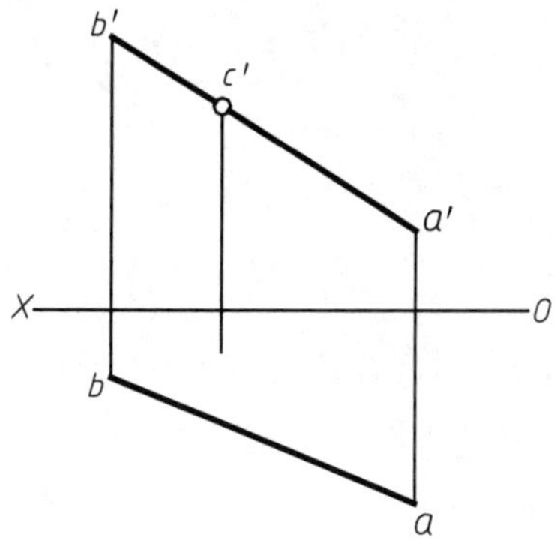

51

③ 已知等腰三角形 *ABC* 的底边为 *AB*，试用换面法求出三角形 *ABC* 的水平投影。

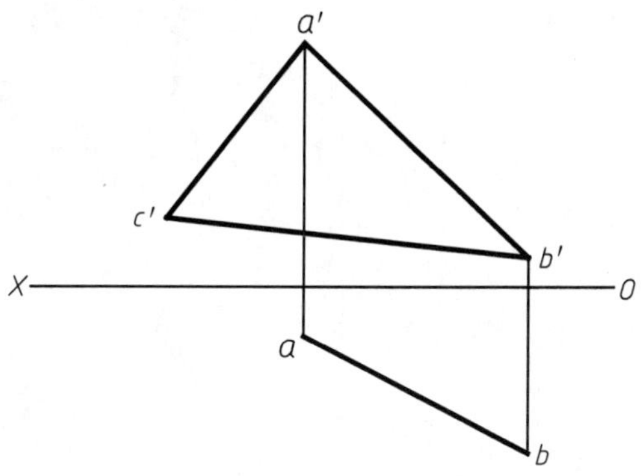

52

④ 求点 *M* 到三角形 *ABC* 的距离。

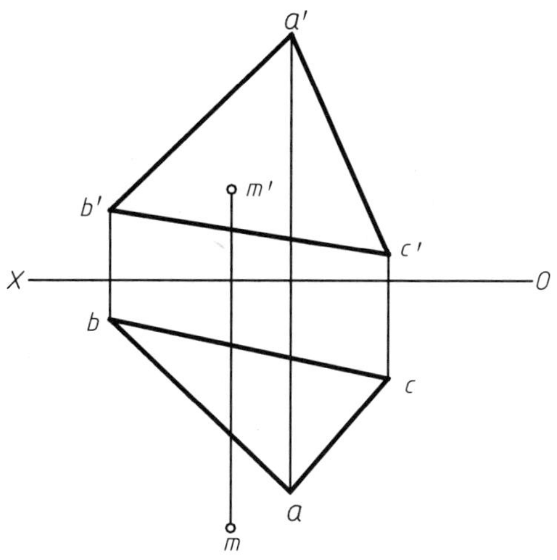

53

⑤ 已知直线 *AB* 与三角形 *CDE* 平面平行，且相距为 20mm，求 *AB* 的水平投影。

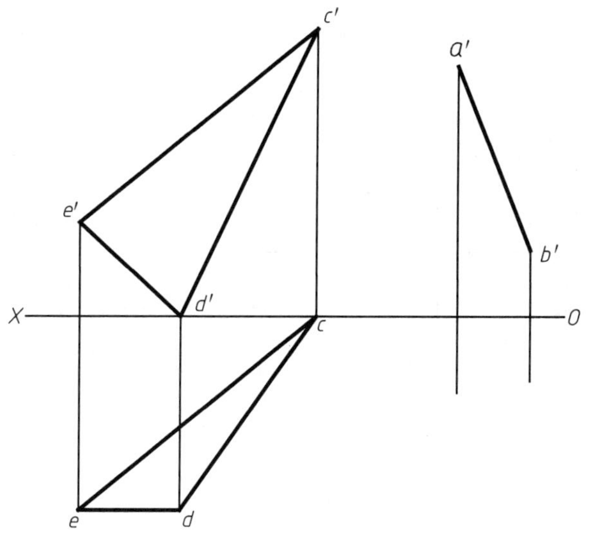

54

(2) 下列各题要求以图解为基础，建立数学模型，编写计算机程序（学习第 6 章后）。

① 已知 AB 为水平线，且是△ABC 的一条边，K 点至△ABC 平面的距离为 15mm，BC=40mm，AC=30mm，求△ABC 的投影（只求一解）。

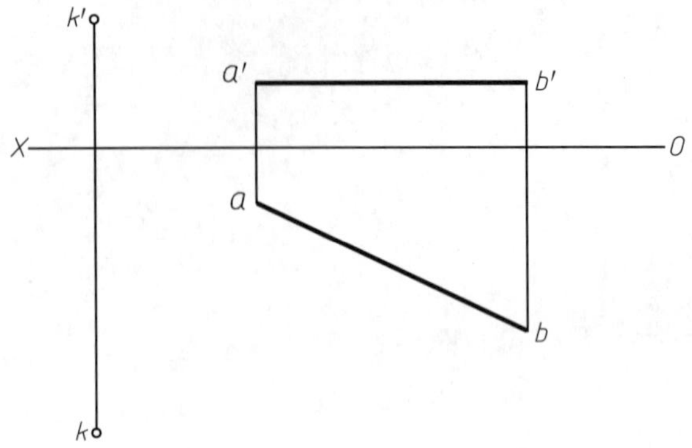

55

② 求管路 ABC 段与 BCD 段所在两平面的夹角 θ_1，及 BC、CD 两管段间的夹角 θ_2。

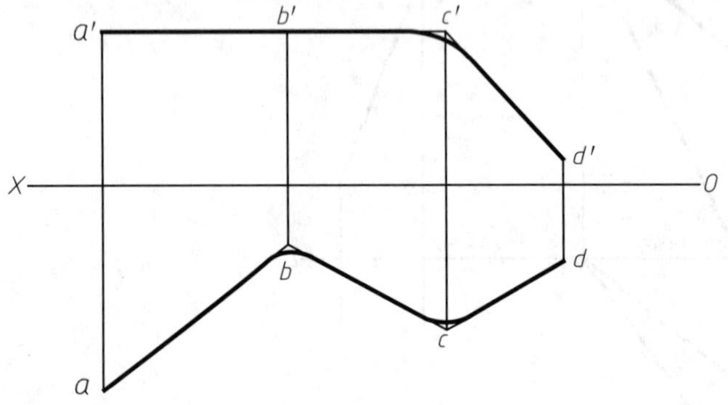

56

班级____________姓名____________学号____________

1.7 构造实体实验

(1) 下列各题在 AutoCAD 平台中完成，根据已知视图构造实体。

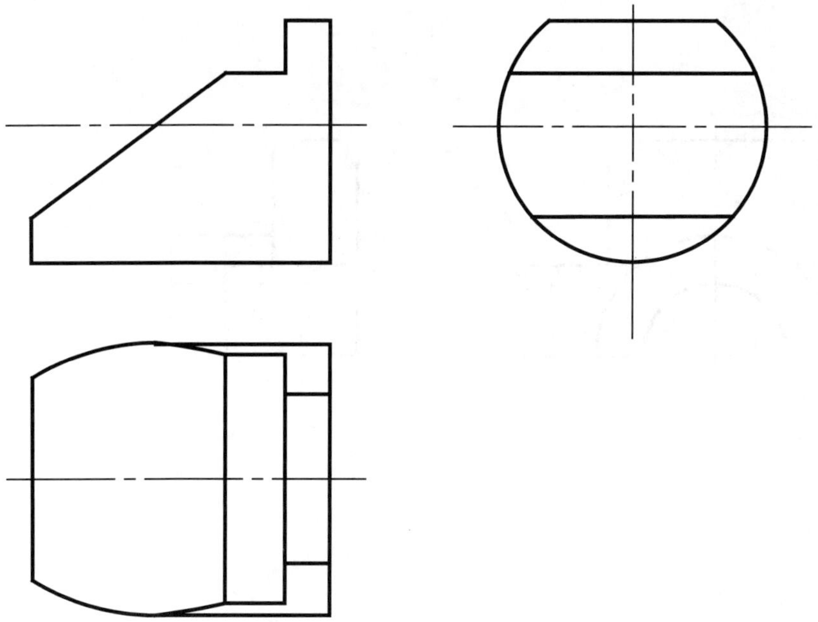

57

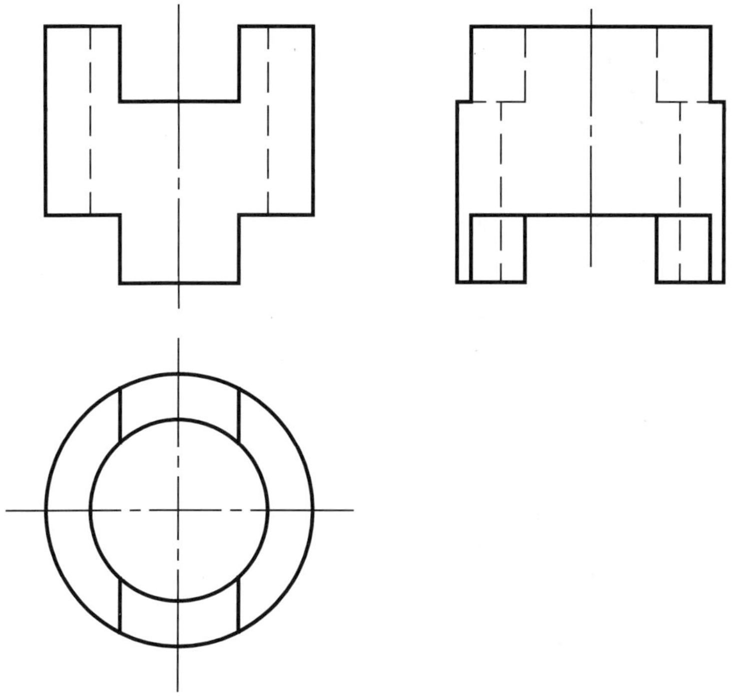

58

（2）下列各题在 AutoCAD 平台中完成，根据已知视图构造实体。

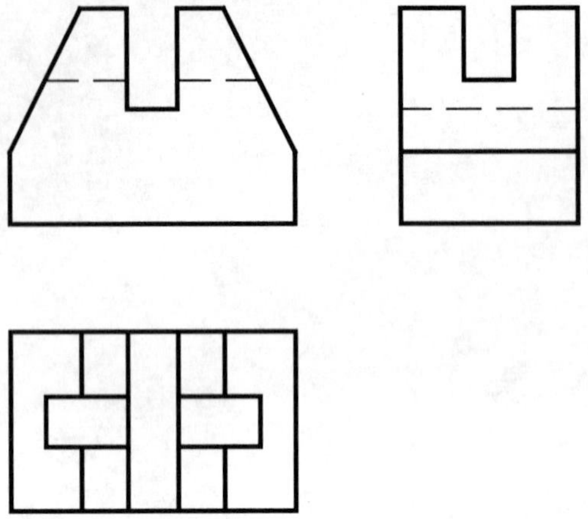

59

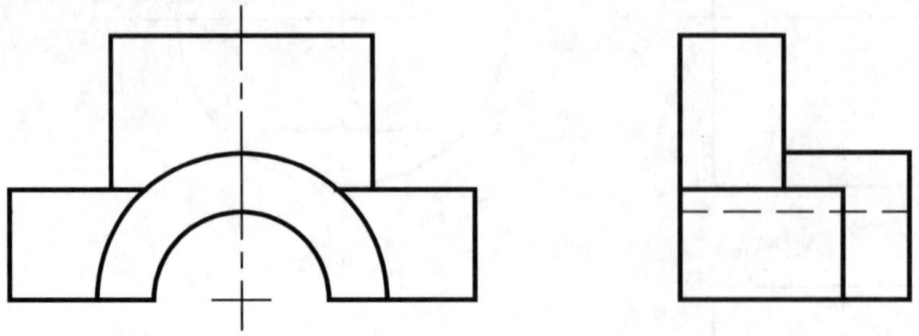

60

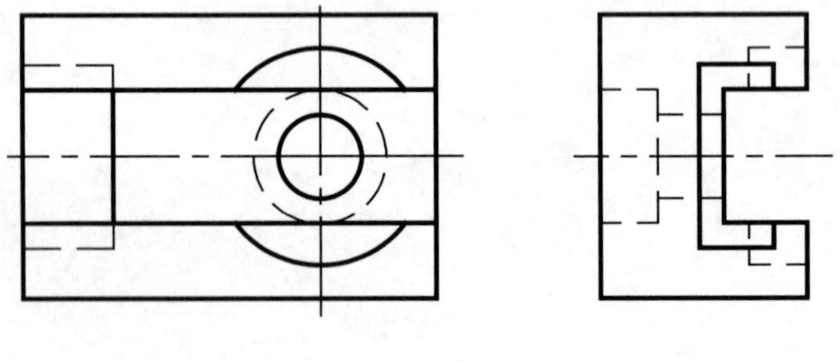

61

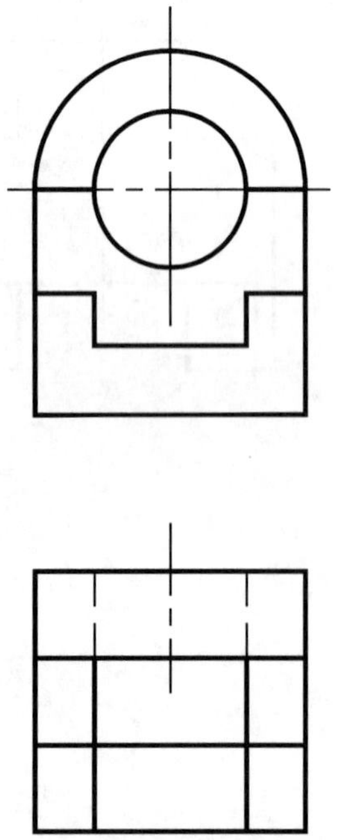

62

班级__________姓名__________学号__________

（3）下列各题在 AutoCAD 平台中完成，根据已知视图构造实体。

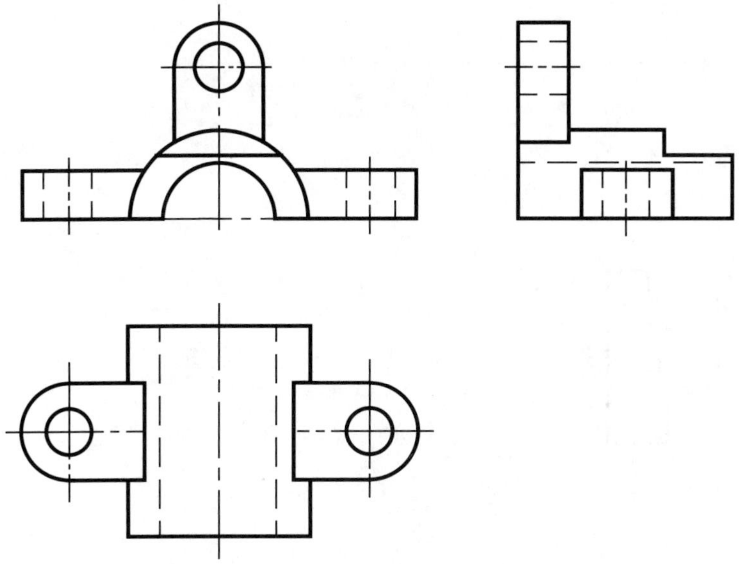

63

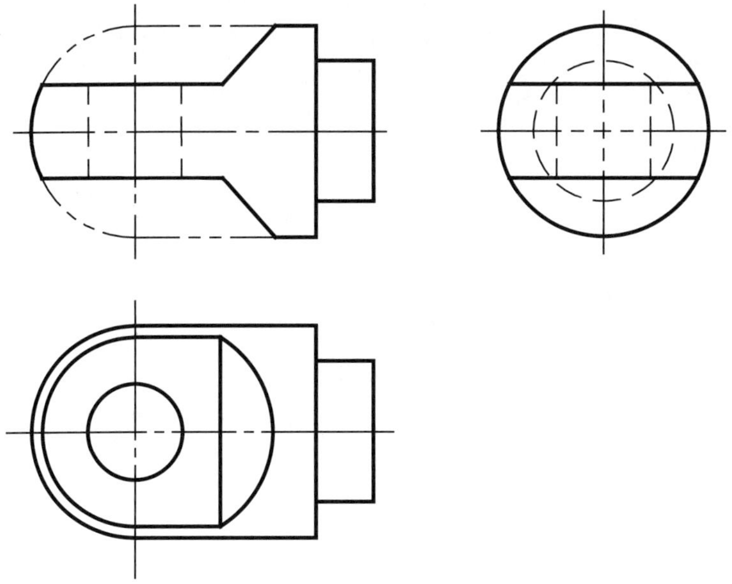

64

1.8 读图实验

(1) 在图所示坐标系中，根据视图上的尺寸确定物体上各点坐标，用换面法求出 S 方向向下的正投影图。	(2) 在视图中设置坐标系，并标注尺寸，根据尺寸得出物体上各点坐标，用旋转法求出 S 方向向下的正投影图。
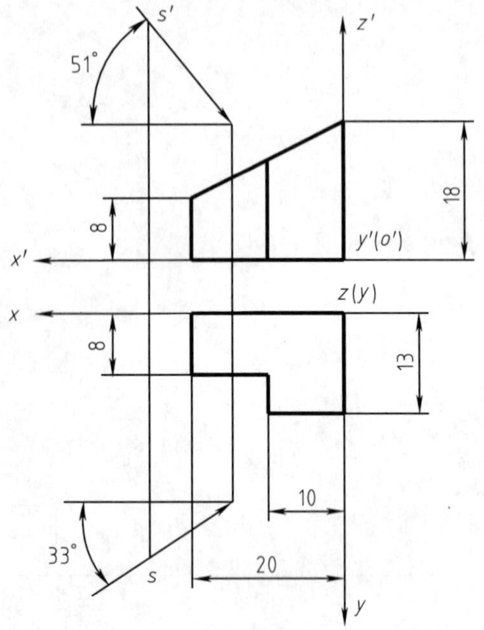 65	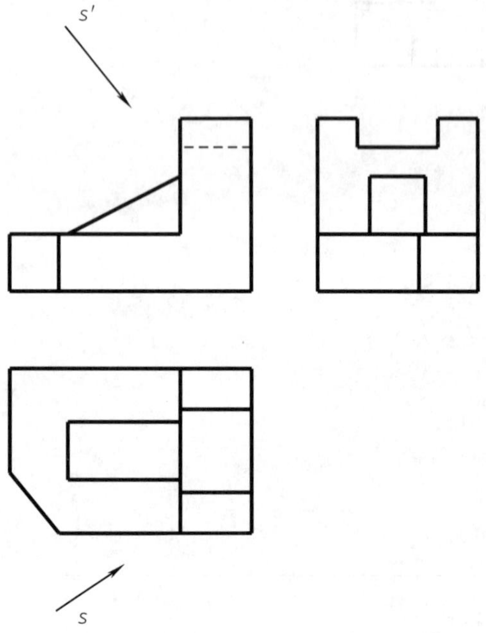 66

班级__________姓名__________学号__________

2. 轴测、透视投影与实验

2.1 轴测投影图

(1) 试画出图示物体的正等测图。

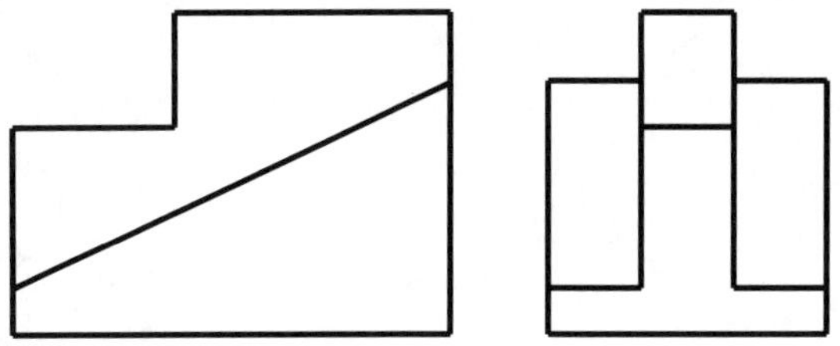

67

(2) 试画出图示物体的正等测图。

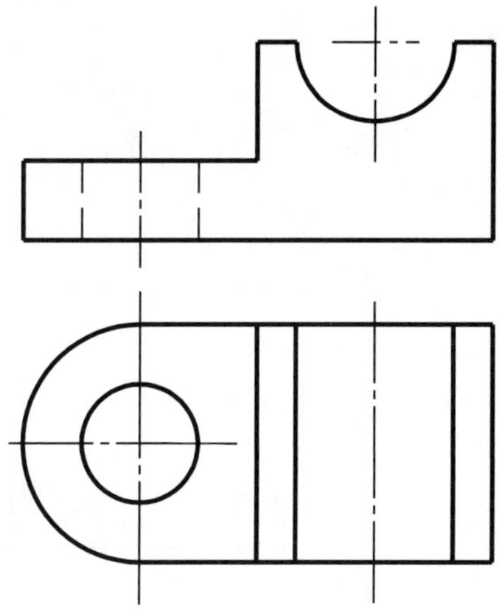

68

(3) 试画出图示物体的正等测图。

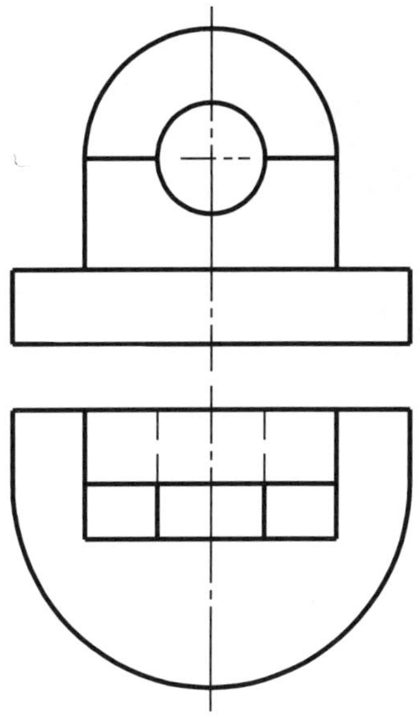

69

(4) 试画出图示物体的正等轴测剖视图。

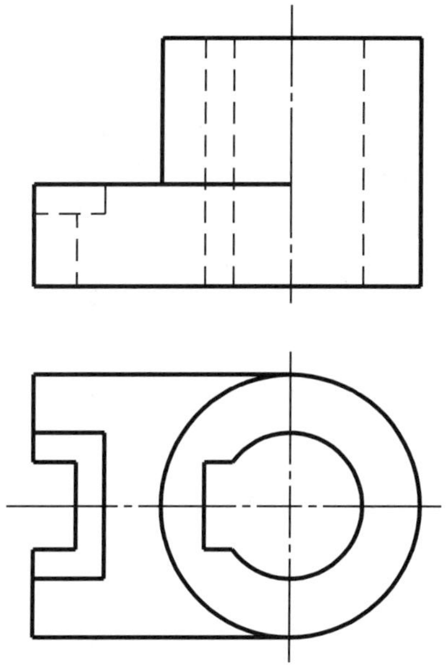

70

2.2 轴测投影图实验

(1) 根据物体的轴测图，反求其投射方向和实形。

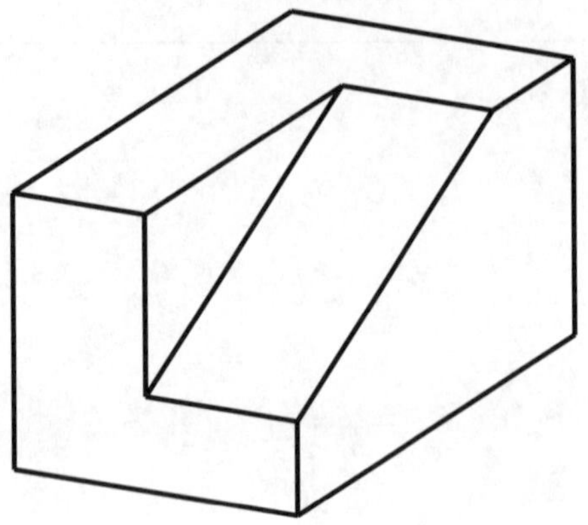

71

(2) 试设计一截面形状，使其沿图示阿基米德螺旋线拉伸，形成蚊香的造型。

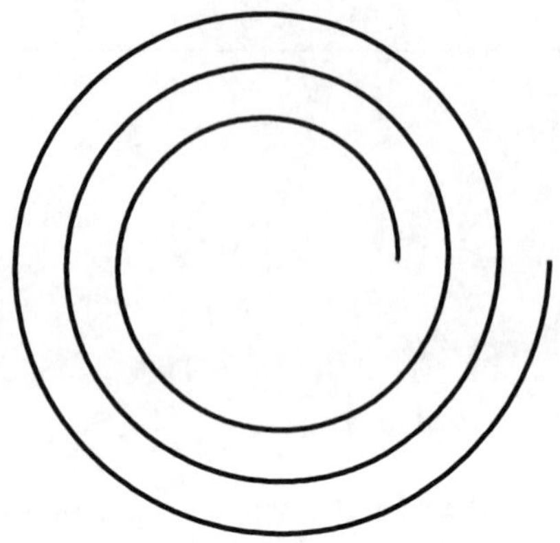

72

(3) 试画出 L 形板绕 *X*、*Z* 轴连续选转的复合轴测投影动画。

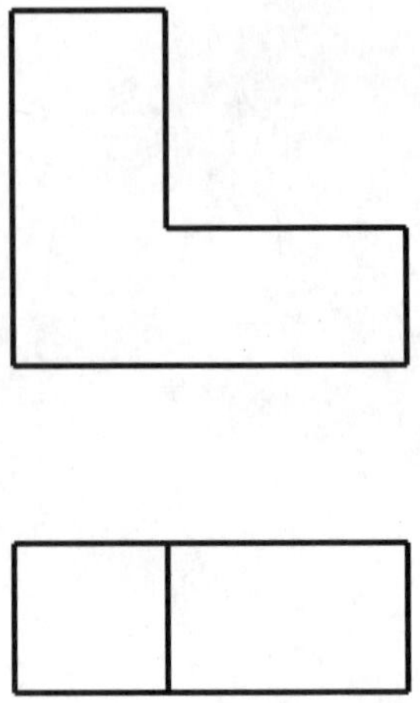

73

(4) 试用轴测设计的方法分析滑块 *C* 移动与连杆 *BC* 旋转角度的关系，并求滑块 *C* 的极限位置。

空间一曲柄滑块机构，工作时曲柄 *AB* 绕轴 *A*—*A* 在铅垂面 *Q* 内旋转，它牵动连杆 *BC*，然后带动滑块 *C*，使滑块 *C* 在平行于 *X* 轴的滑槽内左右滑动（*B* 和 *C* 处均为球形铰接）。

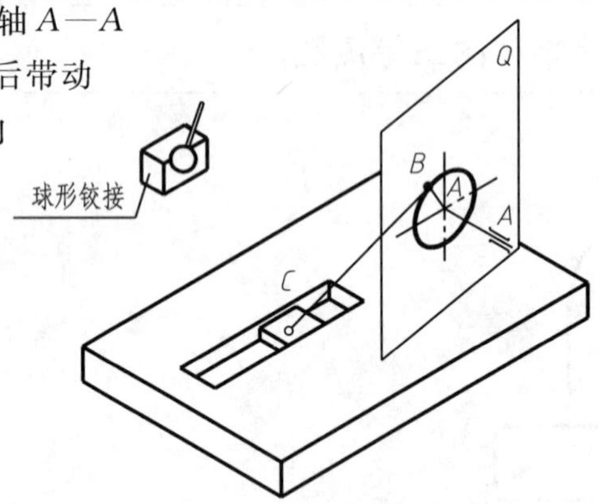

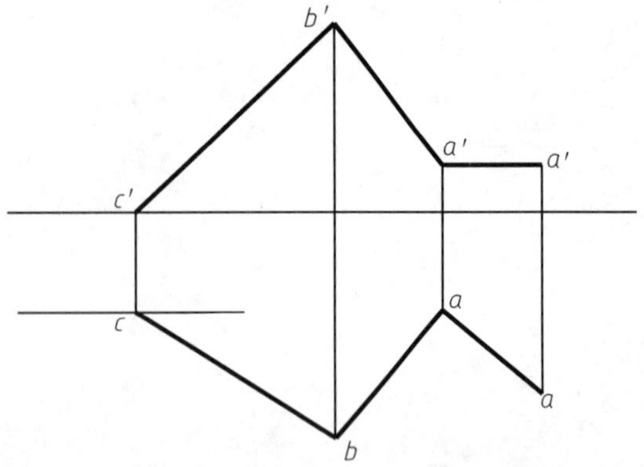

74

班级__________ 姓名__________ 学号__________

2.3 透视实验

根据视图中的尺寸建立平面立体点集矩阵，编写程序画出物体的透视图，计算各点的透视坐标，并反求空间坐标，验证尺寸。

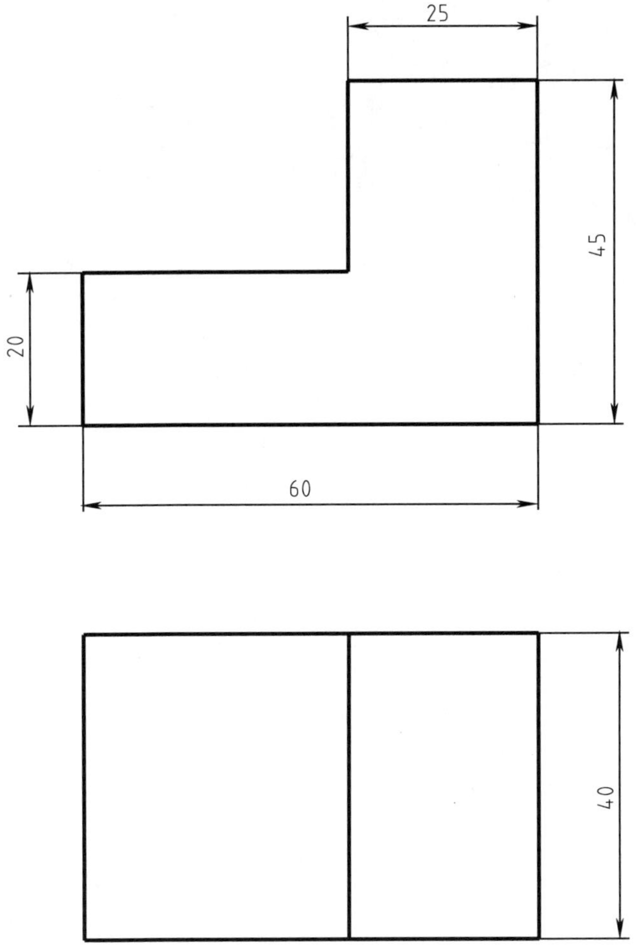

75

班级__________姓名__________学号__________

2.4 照片反求实验

根据三个方向拍摄的阀体照片，反求阀体视图并进行三维造型。已知拍摄参数 $d=3$，$l=2$，$n=-1$，$m=-3$。

76

班级__________ 姓名__________ 学号__________

3. 计算机绘图与编程

3.1 计算机二维绘图

上机作业一 AutoCAD 基本操作

目的要求：

① 掌握进入和退出 AutoCAD 的基本方法，熟悉用户界面。

② 学习新建图形、绘制简单图形的操作，掌握坐标及数据的输入方法，绘出下面所示图形。

③ 掌握打开工具栏的方法，打开“对象捕捉”工具栏，同时学会利用栅格绘制图形。

④ 掌握图形文件存盘和打开的方法。

作业内容：

① 绘制图 1 所示图形。

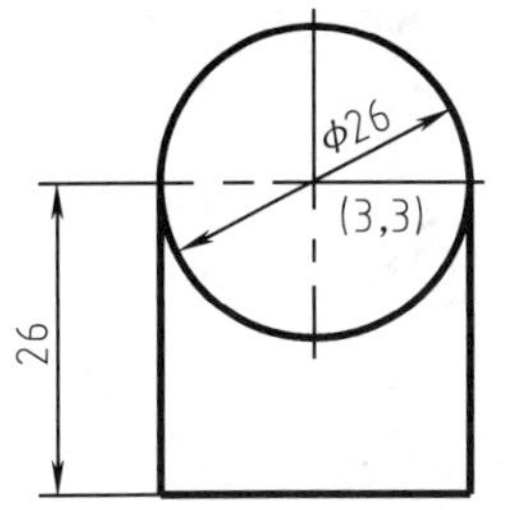

图 1

② 设置图形的捕捉栅格，绘制图 2 所示图形。

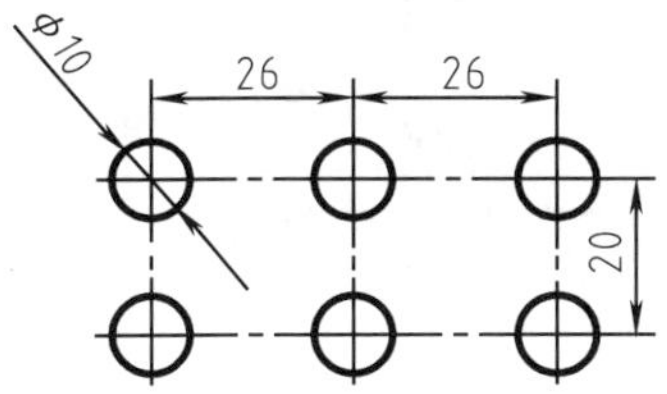

图 2

③ 利用点的相对直角坐标和相对极坐标，绘制图 3 所示图形。

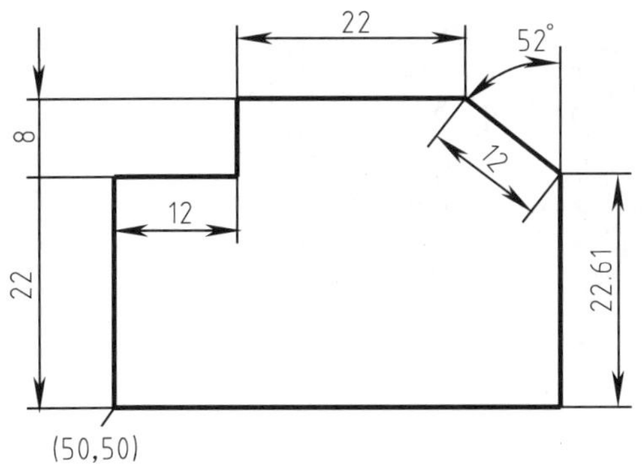

图 3

上机作业二 基本绘图

目的要求：

① 掌握设定 AutoCAD 图形界限的方法。

② 掌握绘制 AutoCAD 图形的基本绘图命令。

③ 能运用对象捕捉定点工具，精确绘制图形。

作业内容：

① 设置图形界限为（60，40）绘制图 4 所示图形。

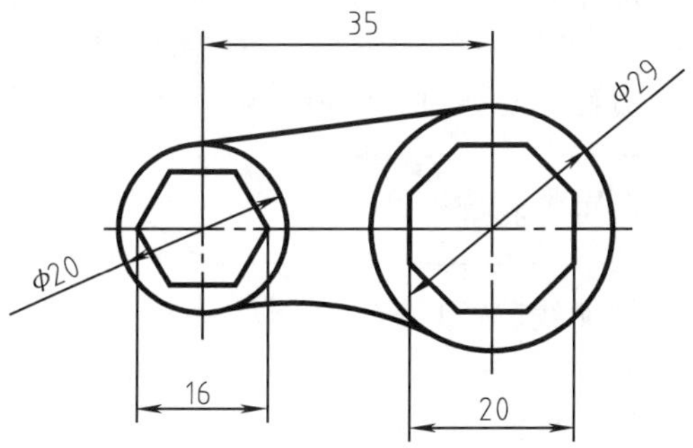

图 4

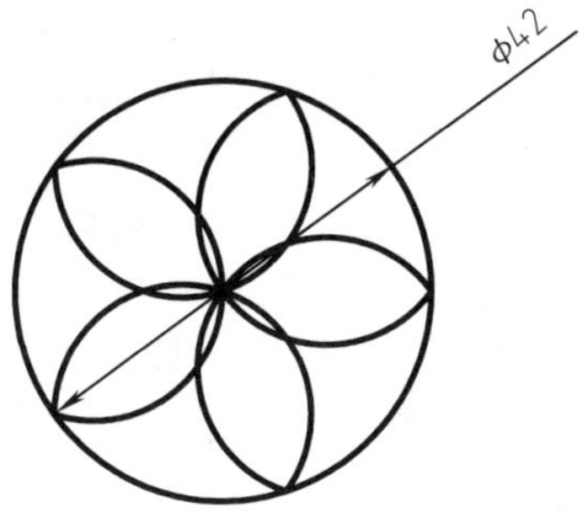

图 5

② 新建一个文件，运用对象捕捉，绘制图 5 所示图形。

③ 绘制图 6 所示图形，其中圆弧用 Pline 命令绘制（尺寸自定）。

图 6

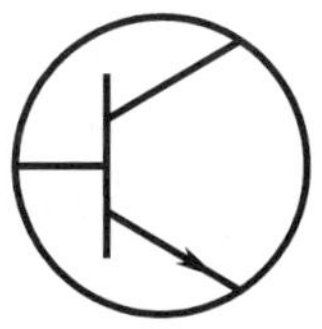

图 7

④ 绘制图 7 所示三极管图案，其中箭头请用 Pline 命令绘制（尺寸自定）。

上机作业三　图层设置

目的要求：

① 掌握设定图层的方法。

② 养成按照图层绘制不同属性对象的画图习惯。

③ 学习利用图层管理图形的办法。

作业内容：

① 新建图形并根据下表设置图层。

层名	颜色	线型	用　途
0	白	Continous	图框
粗实线	白	Continous	可见轮廓线
点画线	绿	Center2	对称中心线、回转轴线
虚线	黄	Hidden2	不可见轮廓线
细实线	红	Continous	剖面线、波浪线等
尺寸	蓝	Continous	尺寸标注

② 在设定好图层的图形文件中绘制图 8 所示图形，注意不同线型对象应绘在与其相应的图层上，并设定线型比例 LTSCALE＝0.5。

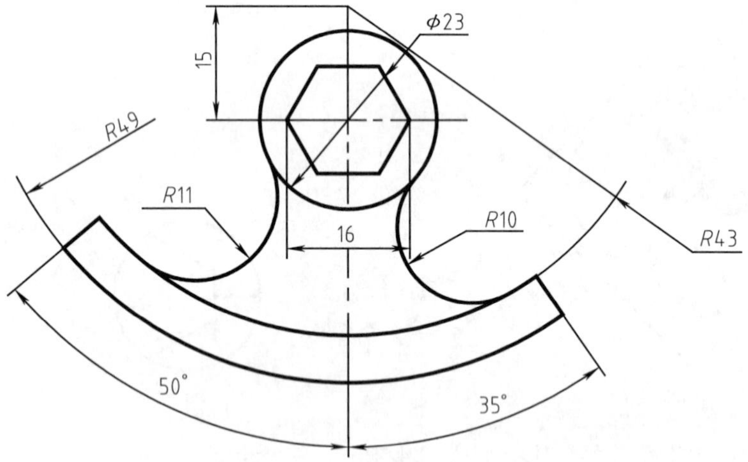

图 8

上机作业四　图形的编辑操作

目的要求：

① 掌握 AutoCAD 各种图形编辑命令的用法和功能。

② 了解选择图形对象的多种方法。

作业内容：

① 应用编辑命令如 Erase、Copy、Move、Rotate 等对上机作业二中所绘制的图形进行编辑。

② 在编辑图形时注意比较各种选择对象的方法，如：

窗口（W）/上一个（L）/窗交（C）/框（BOX）/全部（ALL）/栏选（F）/删除（R）/上一个（P）/单个（SI）

③ 使用绘制和编辑命令绘制图 9 所示图形。

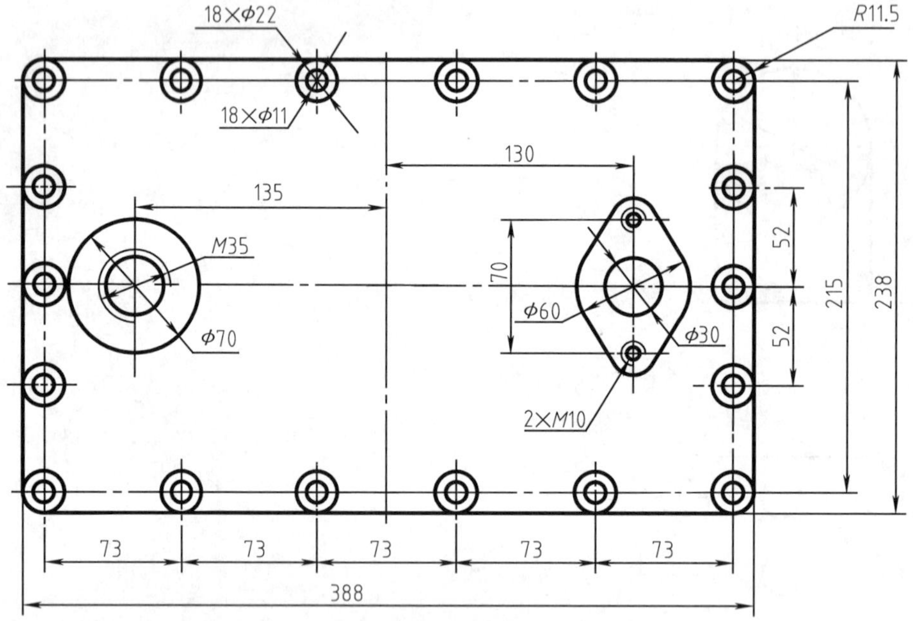

图 9

④ 用阵列命令将图 6 所示图形排列为图 10 所示图案。

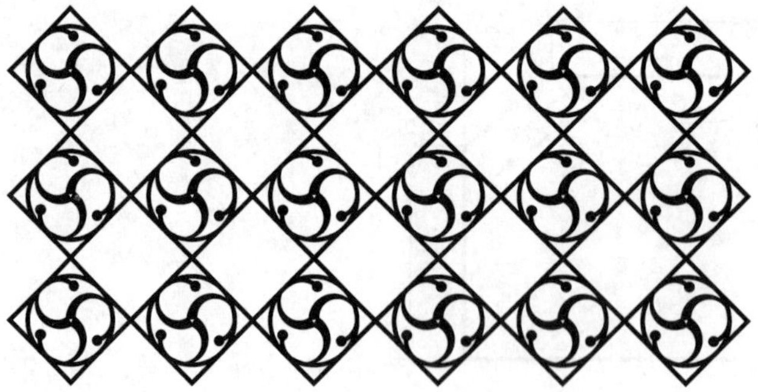

图 10

班级＿＿＿＿＿＿＿姓名＿＿＿＿＿＿＿学号＿＿＿＿＿＿＿

上机作业五　图案填充

目的要求：

① 掌握图案填充和绘制剖面线的方法。

② 了解编辑图案填充的操作。

作业内容：

① 绘制图 11 所示图形。

图 11

② 绘制图 12 所示图形，要求按照轮廓线、剖面线、中心线等分别设置图层。

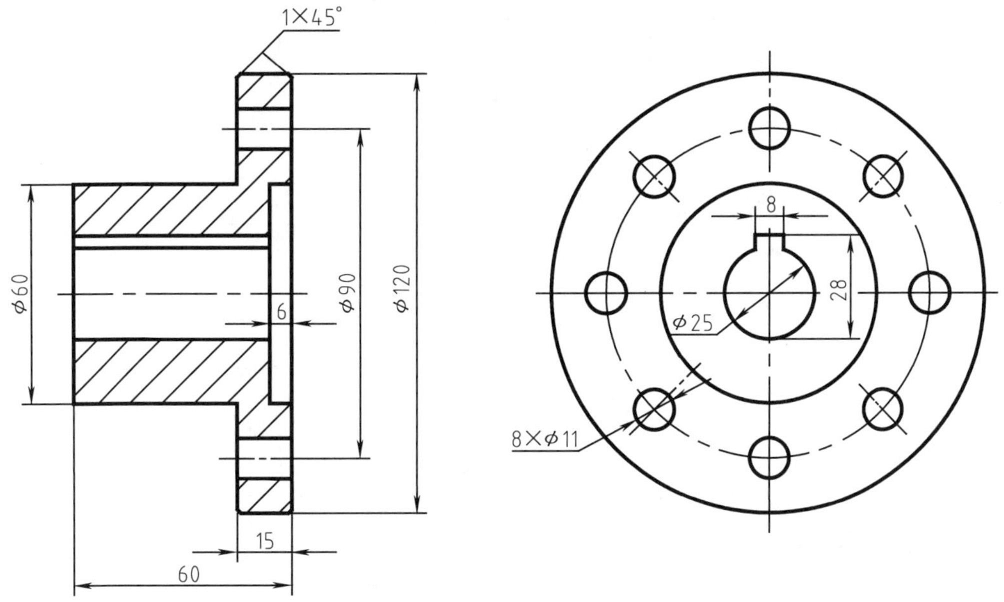

图 12

③ 使用不同的填充图案和填充比例修改上图中的剖面线。

81

上机作业六　图块的应用

目的要求：

① 了解图块的概念和图块的定义方法。

② 掌握插入图块的操作步骤。

作业内容：

① 绘制图 13 所示表面粗糙度符号。

② 参照图 14 给上面绘制的粗糙度符号附加属性，属性包括以下几项。

标记 *Ra*　　　　　（默认）值：1.6

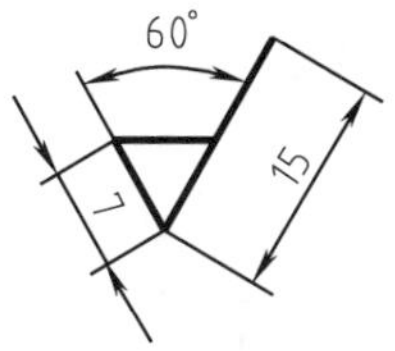

图 13

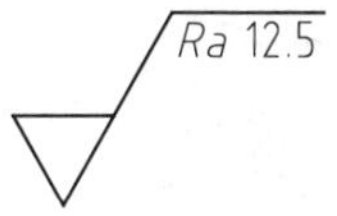

图 14

③ 将表面粗糙度符号及属性一起生成“粗糙度”图块。

④ 绘制图 15 所示平衡盘图形，并将上面制作的粗糙度图块插入到图形中。

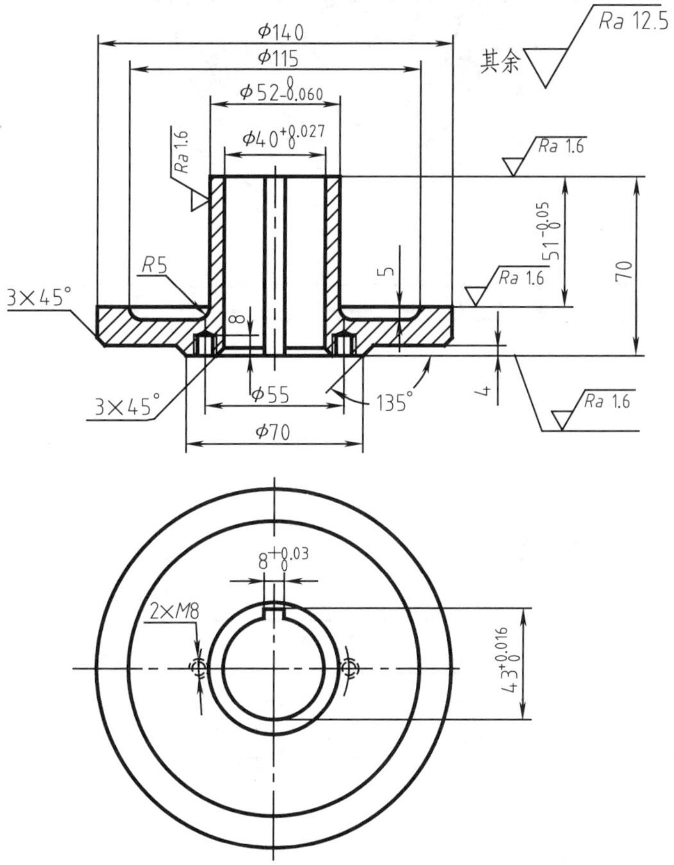

图 15

82

上机作业七　文本注写

目的要求：

① 掌握在 AutoCAD 图形中注写文字的方法。

② 掌握各种特殊符号的输入方法。

作业内容：

绘制图 16 所示图形，设定图幅为 A4，注意技术要求的注写和标题栏的绘制，标题栏具体尺寸参考教材。

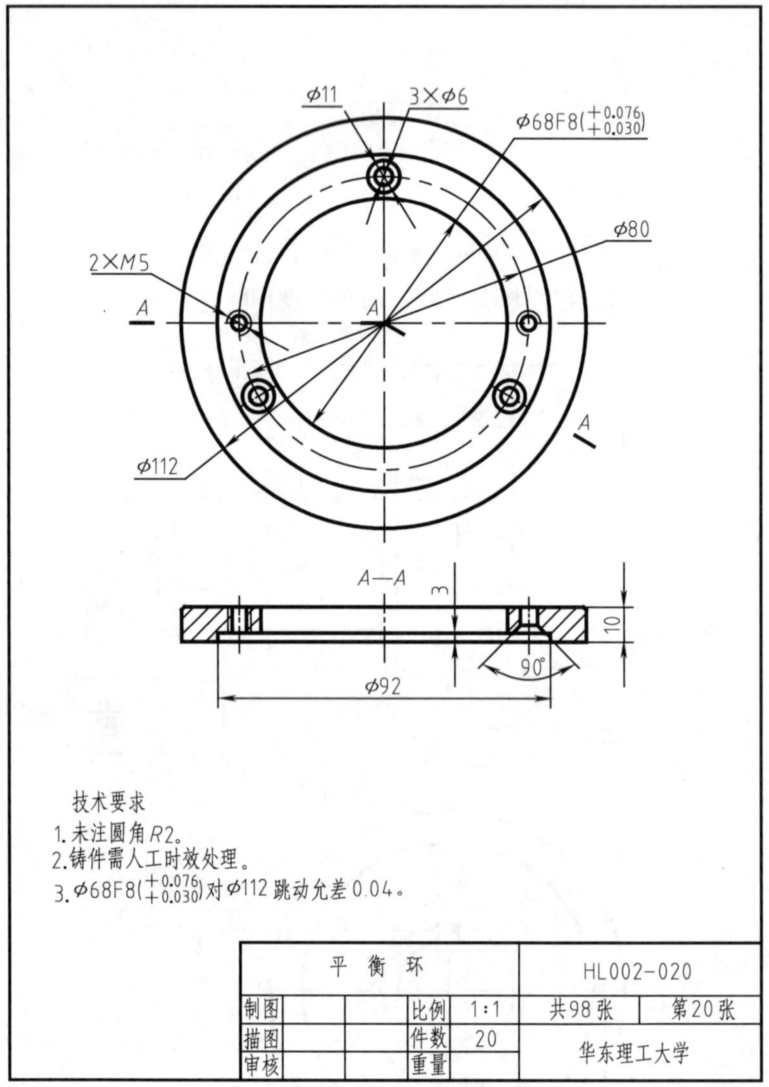

图 16

上机作业八　尺寸注标

目的要求：

① 掌握标注尺寸的各种命令。

② 学会新建自己的标注尺寸样式，能用多种尺寸样式进行尺寸标注。

③ 掌握尺寸样式的管理，能对样式不合适的尺寸进行修改，并会标注尺寸公差和形位公差。

作业内容：

① 绘制图 17 所示图形，并标注尺寸。

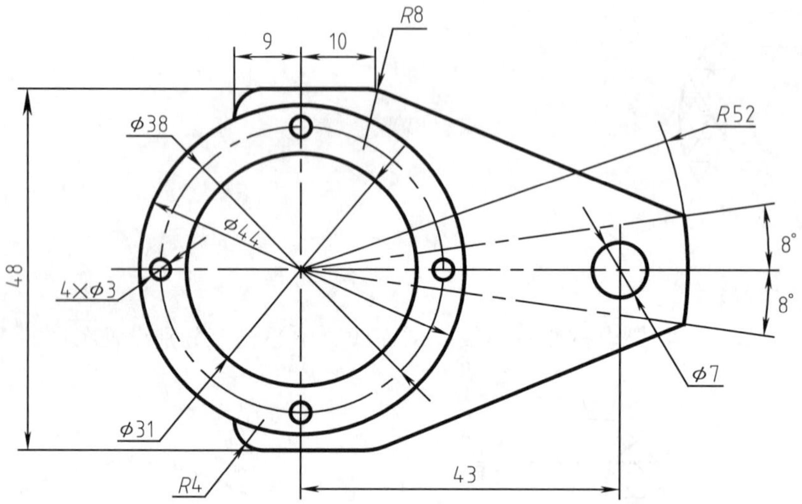

图 17

② 绘制图 18 所示柱塞的图形，并标注尺寸。

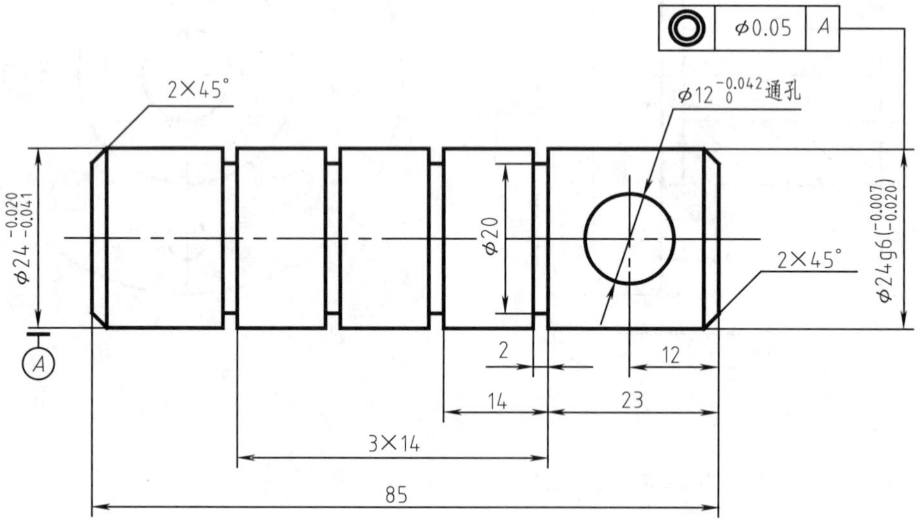

图 18

班级＿＿＿＿＿＿姓名＿＿＿＿＿＿学号＿＿＿＿＿＿

上机作业九　综合图例的绘制

目的要求：

能综合运用各种相关知识绘出复杂的图形。

作业内容：

设定作图范围为 A3 图纸，按 1：1 的比例绘制图 19 所示缸盖零件图。

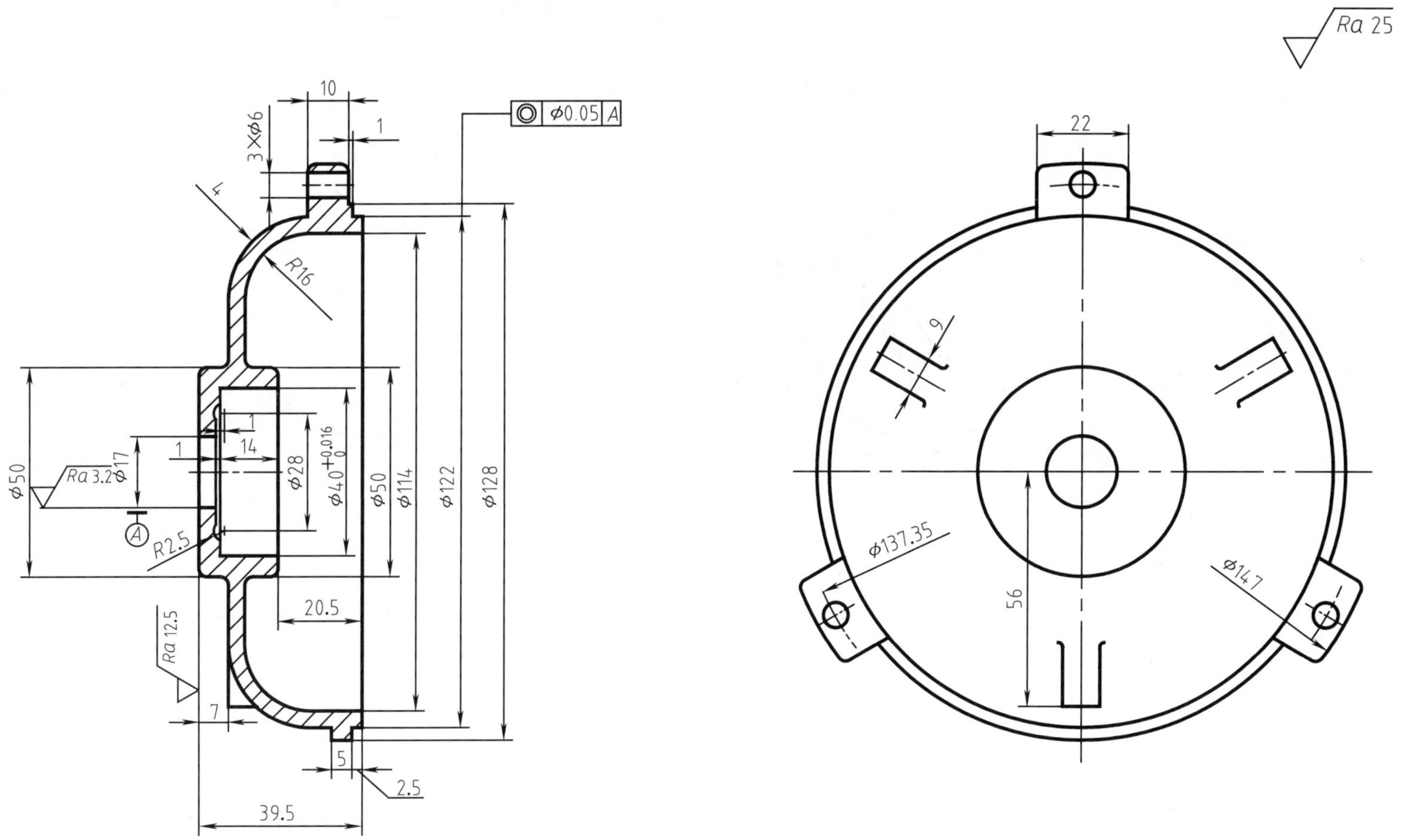

技术要求

1. 未注圆角 $R2$。
2. 铸件需人工时效处理。

缸　盖					ZG001-028	
制图			比例	1:1	共106张	第28张
描图			件数	100		
审核			重量			

图 19

3.3 计算机三维造型

(1) 根据下列物体的立体图，按书中表 1-1 的形式分析物体三维造型的四个过程并在 AutoCAD 平台中进行造型。

① 可分成哪些简单形体分别造型。
② 画出各简单形体的特征形状。
③ 说明各简单形体的形成方式。
④ 说明组合体的组合方式。

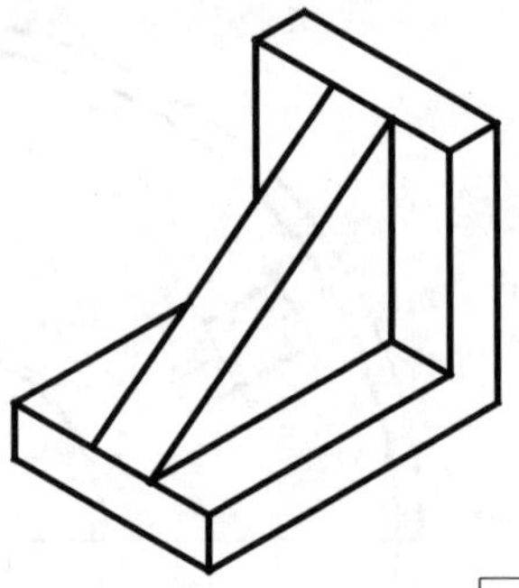

86

① 可分成哪些简单形体分别造型。
② 画出各简单形体的特征形状。
③ 说明各简单形体的形成方式。
④ 说明组合体的组合方式。

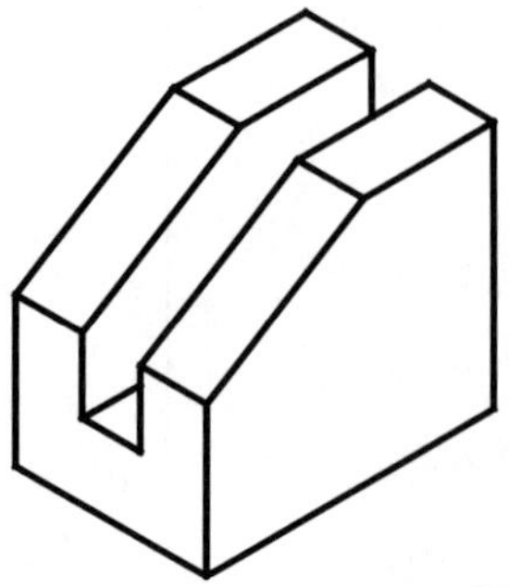

87

① 可分成哪些简单形体分别造型。
② 画出各简单形体的特征形状。
③ 说明各简单形体的形成方式。
④ 说明组合体的组合方式。

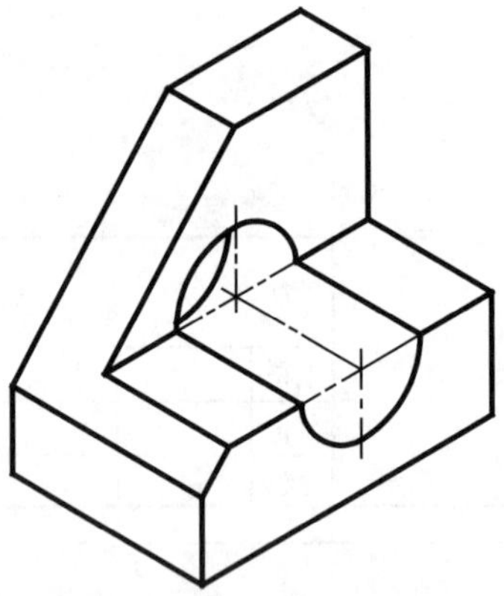

88

① 可分成哪些简单形体分别造型。
② 画出各简单形体的特征形状。
③ 说明各简单形体的形成方式。
④ 说明组合体的组合方式。

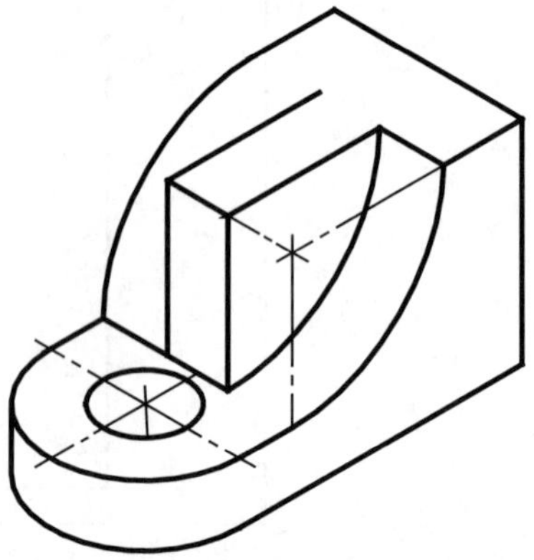

89

班级＿＿＿＿＿＿姓名＿＿＿＿＿＿学号＿＿＿＿＿＿

（2）根据已知尺寸，在 AutoCAD 平台中对物体进行三维造型，生成适当的二维视图并标注尺寸。

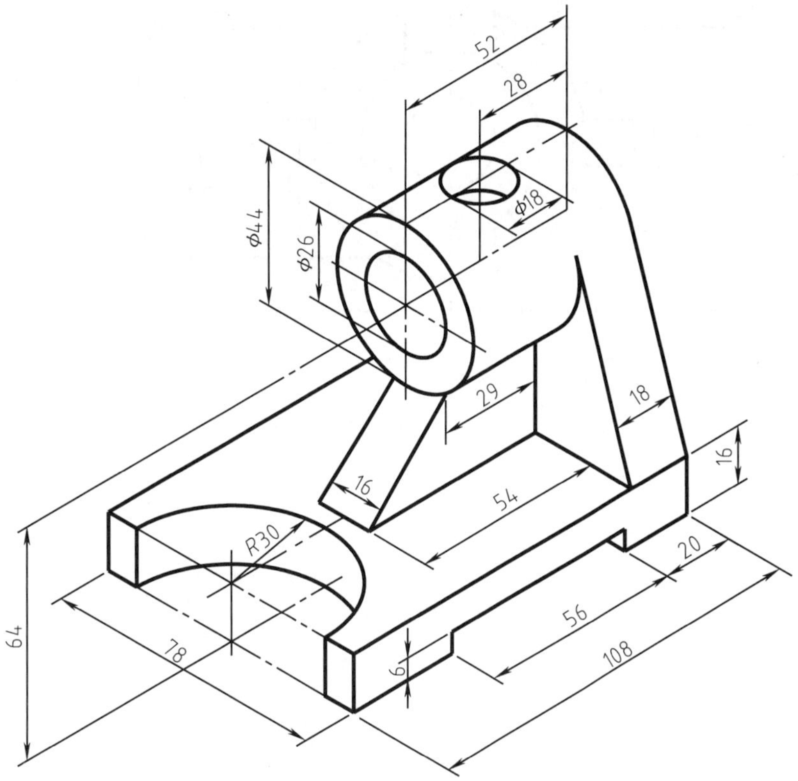

90

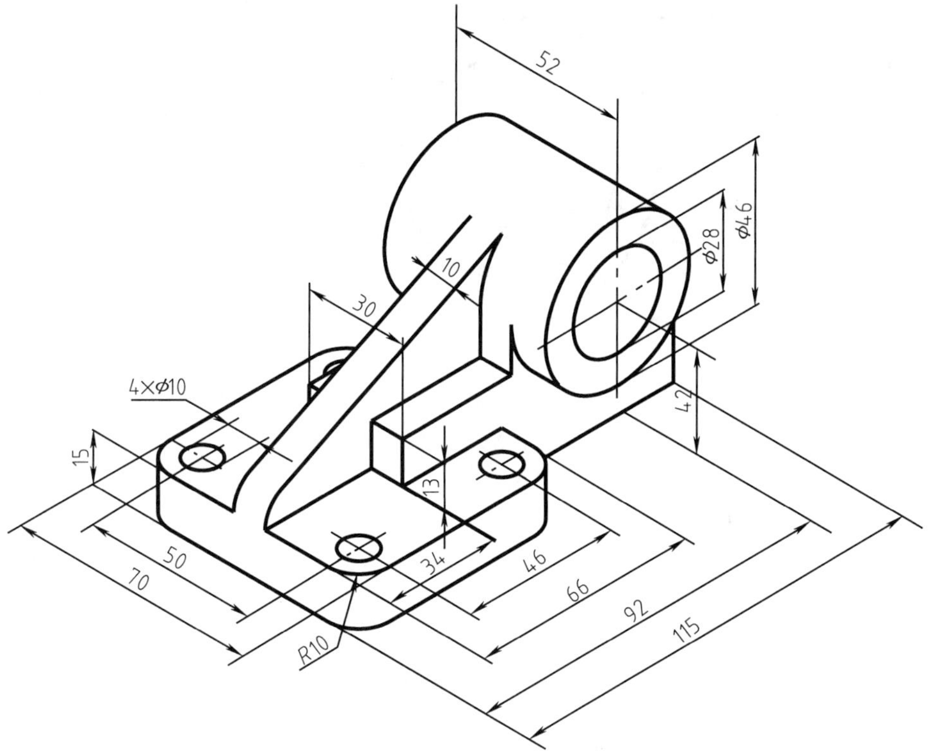

91

班级＿＿＿＿＿＿姓名＿＿＿＿＿＿学号＿＿＿＿＿＿

（3）在 AutoCAD 平台中对图示物体进行三维造型，物体大小自行设计。

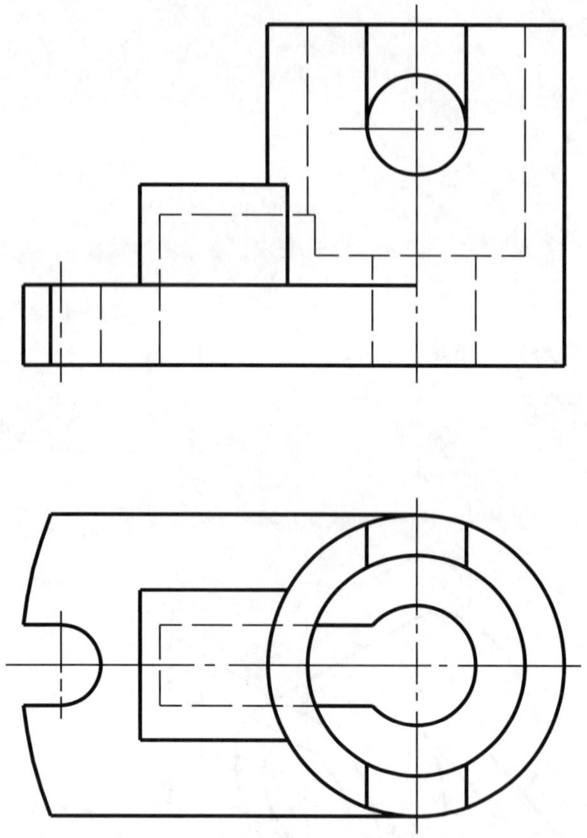

92

（4）在 AutoCAD 平台中对图示物体进行三维造型，物体大小自行设计。

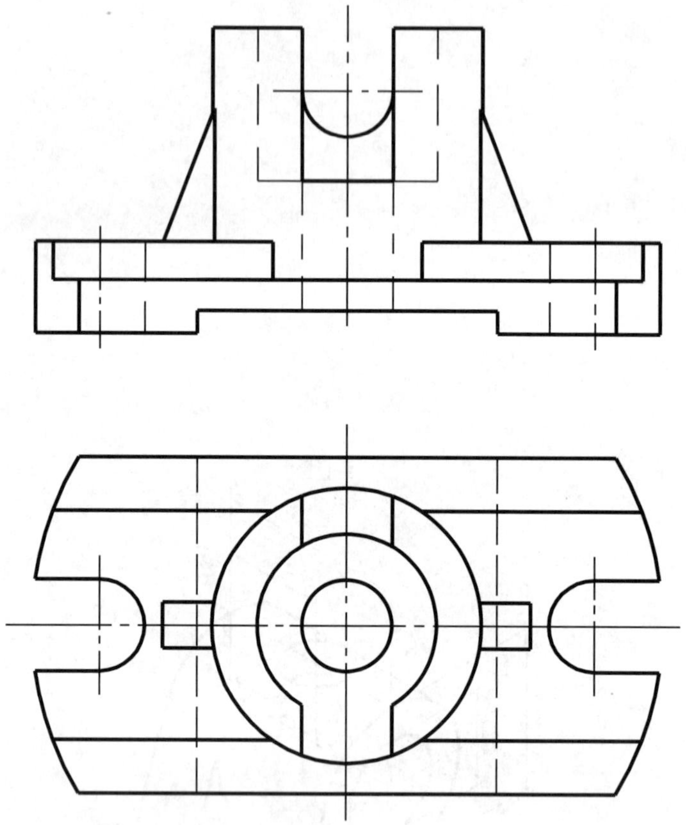

93

班级＿＿＿＿＿＿姓名＿＿＿＿＿＿学号＿＿＿＿＿＿

（5）在 AutoCAD 平台中对图示物体进行三维造型，并生成适当的二维视图表达方案。

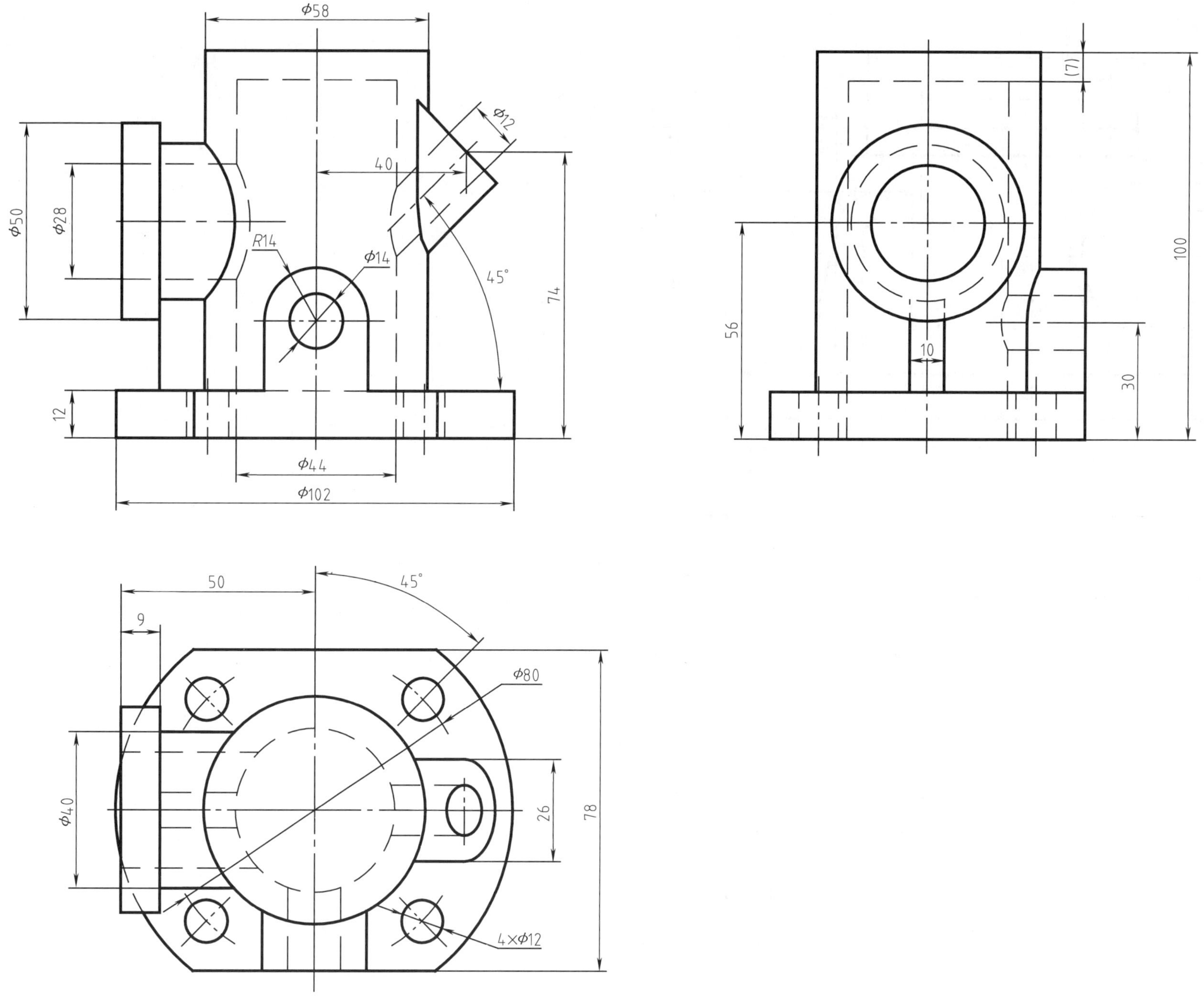

94

（6）在 AutoCAD 平台中对图示物体进行三维造型，并生成适当的二维视图表达方案。

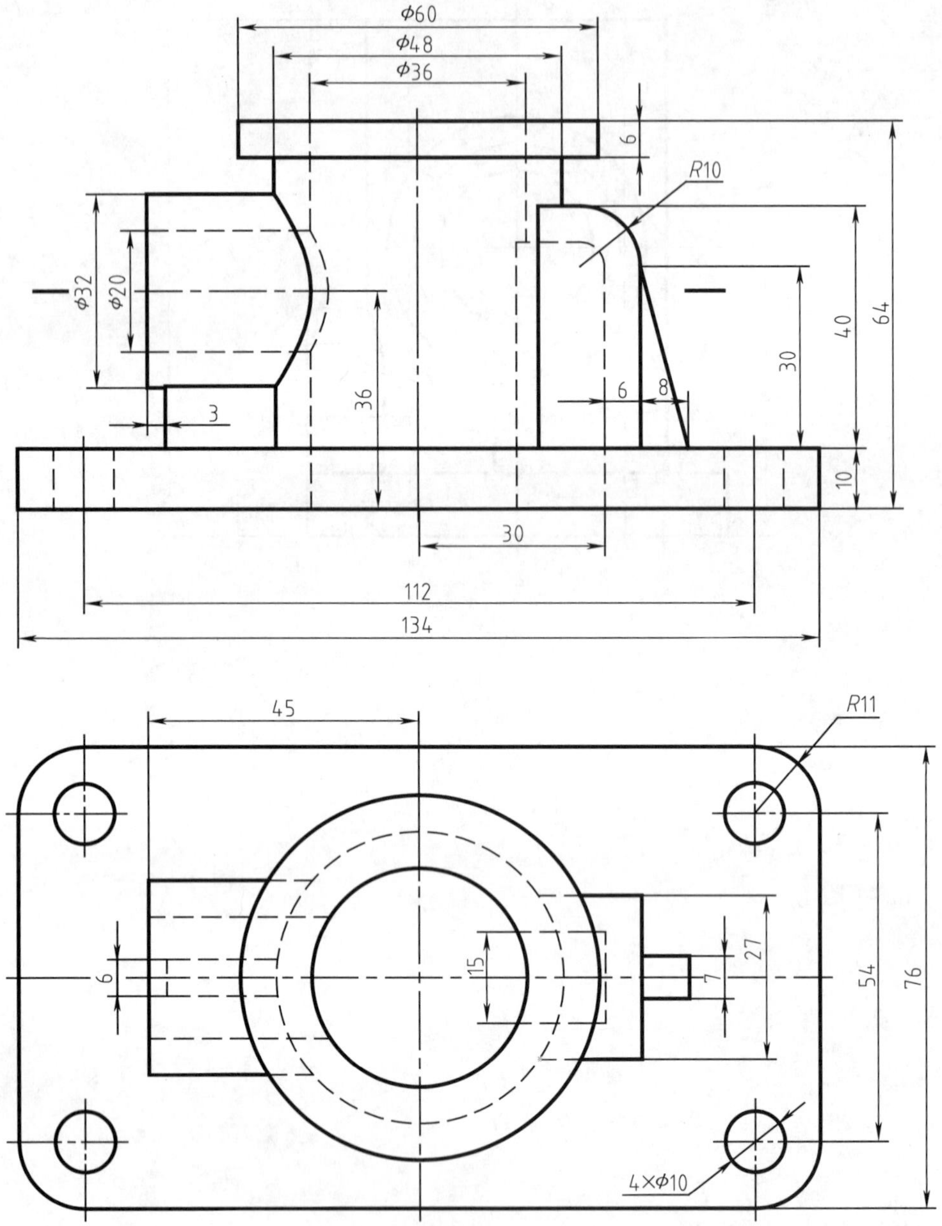

95

班级＿＿＿＿＿＿姓名＿＿＿＿＿＿学号＿＿＿＿＿＿

3.4 程序编写

（1）根据已知的图形尺寸编写绘图程序。

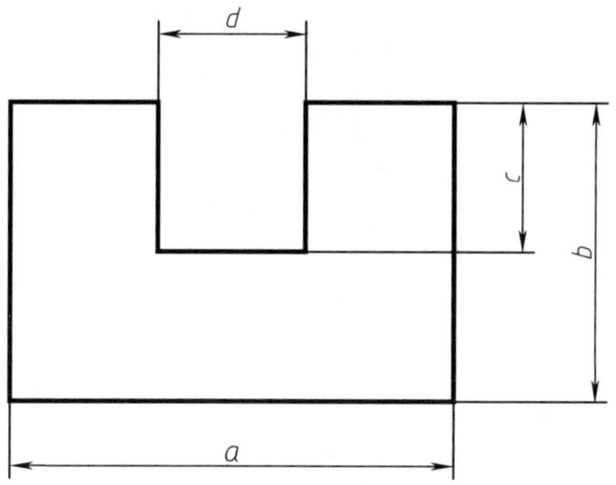

96

（2）根据椭圆长、短轴编写绘制椭圆的程序。

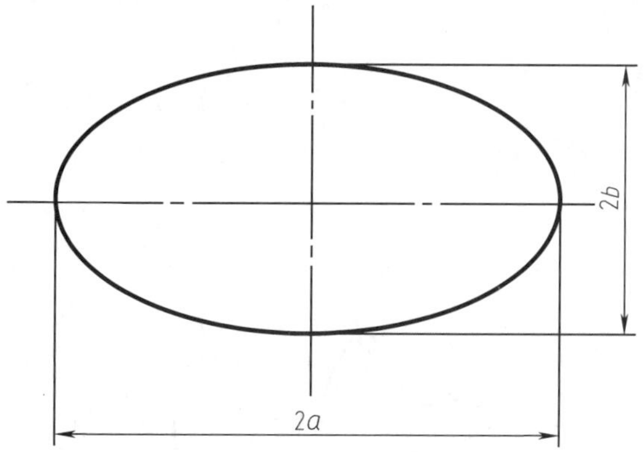

97

（3）试编写绘制法兰的程序，法兰大小自行设计。

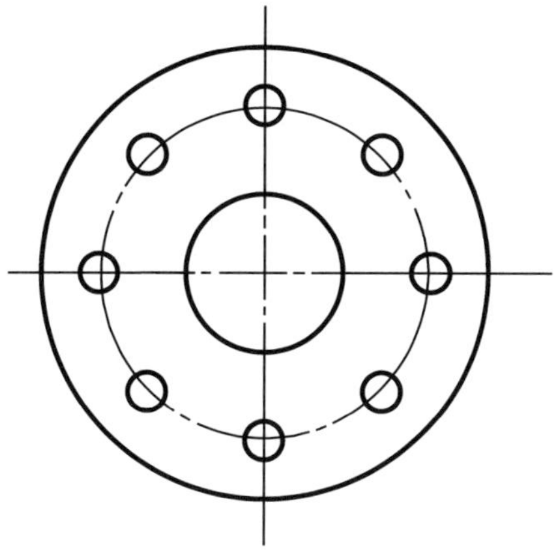

98

（4）试编写绘制法兰对话框的程序。

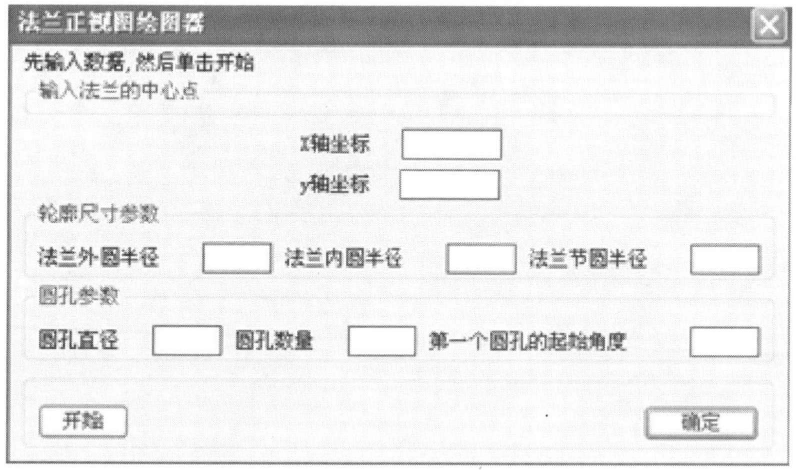

99

班级____________姓名____________学号____________

4. 工程图形设计与实验

4.1 工程曲线设计实验

（1）已知齿轮的齿数 $z=24$，模数 $m=3$，试编写渐开线程序，并用渐开线造型三维齿轮。

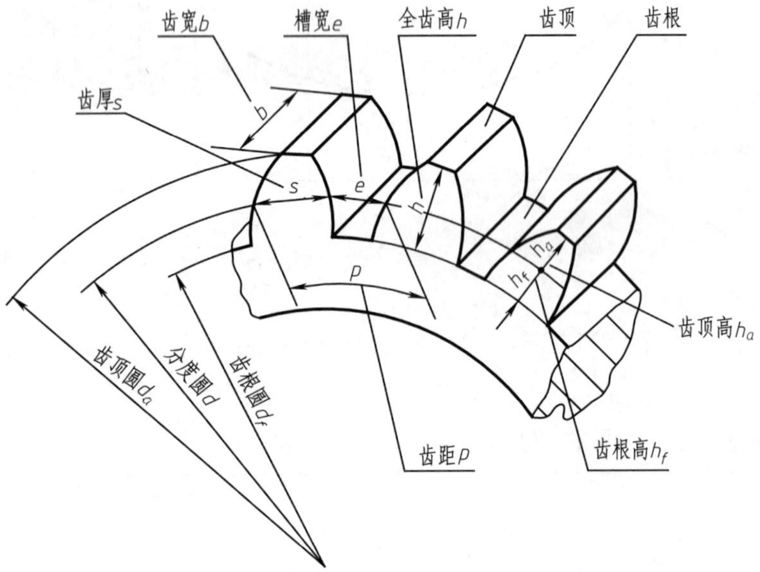

100

班级____________姓名____________学号____________

（2）试编写绘制圆柱螺旋线的程序，三维造型螺旋管。螺旋管的内径、外径、螺旋线基圆直径、螺距、圈数等参数自行设计。

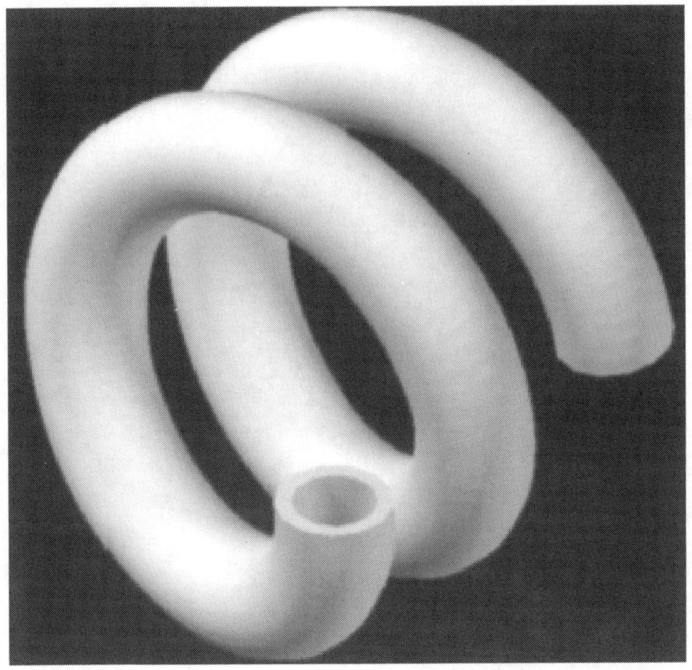

101

(3) 试编写绘制圆球螺旋线的程序，三维造型螺旋槽。螺旋槽的内径、外径、螺旋线基圆直径、螺距、圈数等参数自行设计。

102

班级__________姓名__________学号__________

（4）试编写绘制抛物线的程序，三维造型抛物圆管与抛物板。圆管的直径、壁厚，抛物板的板高、板厚及抛物线参数自行设计。

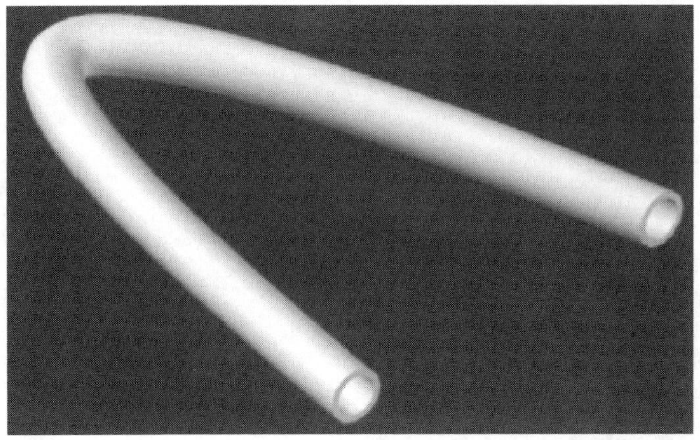

103

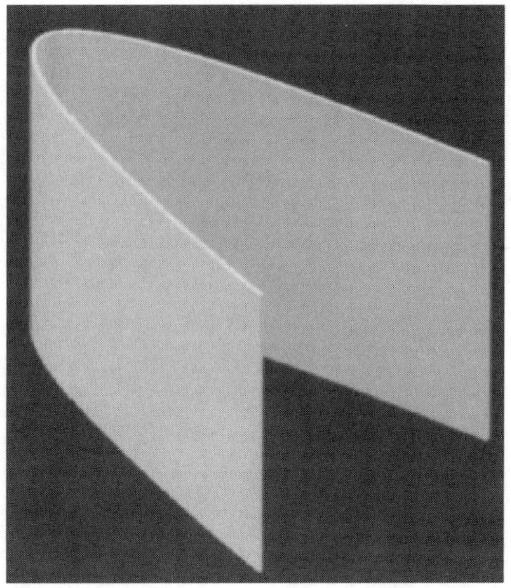

104

（5）试编写绘制概率曲线和对数曲线的程序，且编写绘制三维造型概率槽与对数槽的程序。槽圆口的直径、壁厚等参数自行设计。

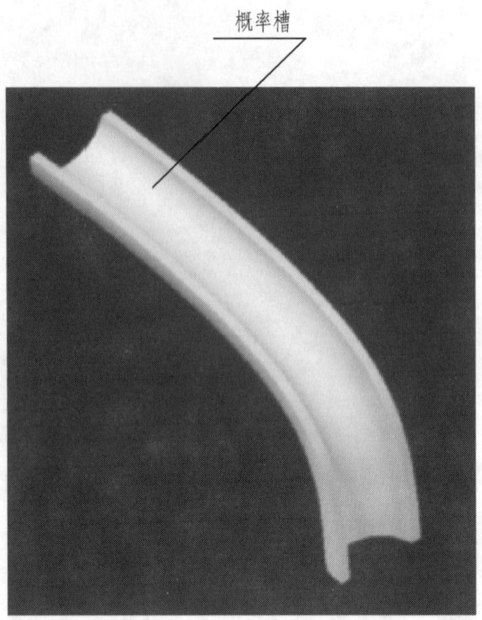

105

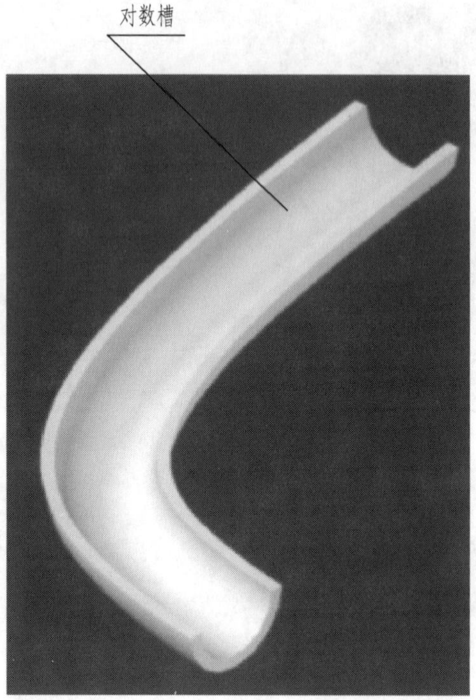

106

班级＿＿＿＿＿＿姓名＿＿＿＿＿＿学号＿＿＿＿＿＿

(6) 试编写绘制双曲线的程序，且编写绘制三维造型双曲圆管与双曲板的程序。圆管的直径、壁厚，双曲板的板高、板厚及双曲线参数自行设计。

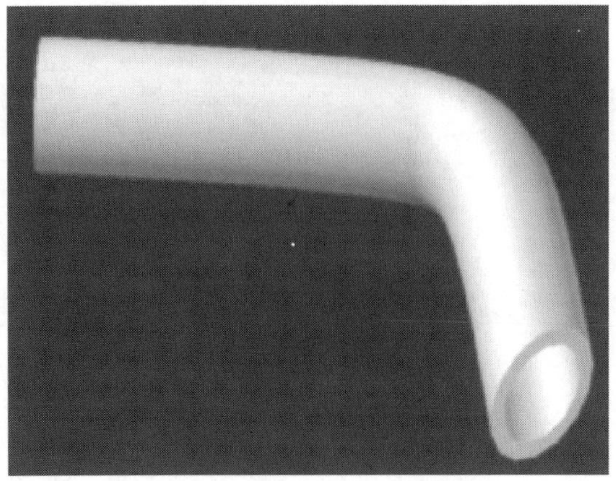

107

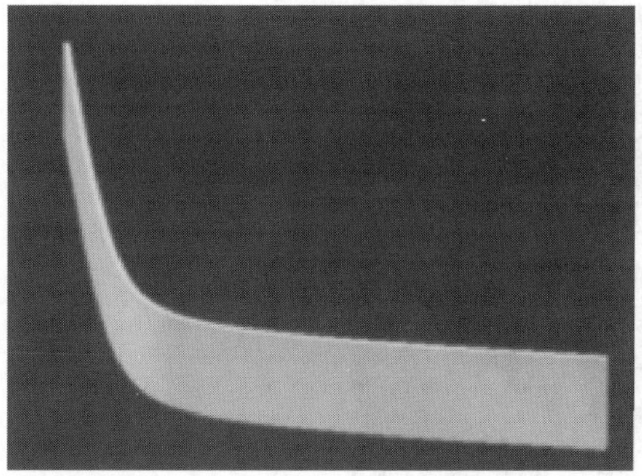

108

（7）试编写绘制圆锥螺旋线的程序，且绘制三维造型圆锥弹簧。弹簧的直径、壁厚、螺距等参数自行设计。

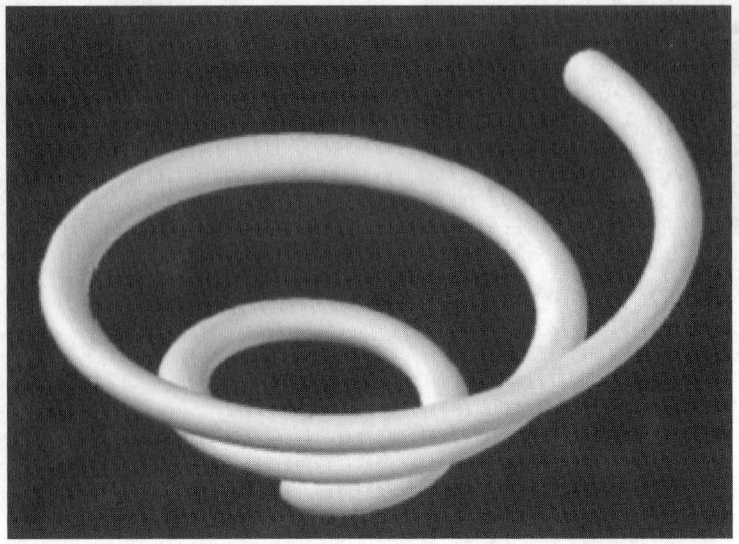

109

班级＿＿＿＿＿＿姓名＿＿＿＿＿＿学号＿＿＿＿＿＿

4.2 工程曲面设计实验

（1）试编写绘制单叶双曲旋转面与圆柱螺旋面的程序，所需参数自行设计，并分析变导程圆柱螺旋面的设计方法。

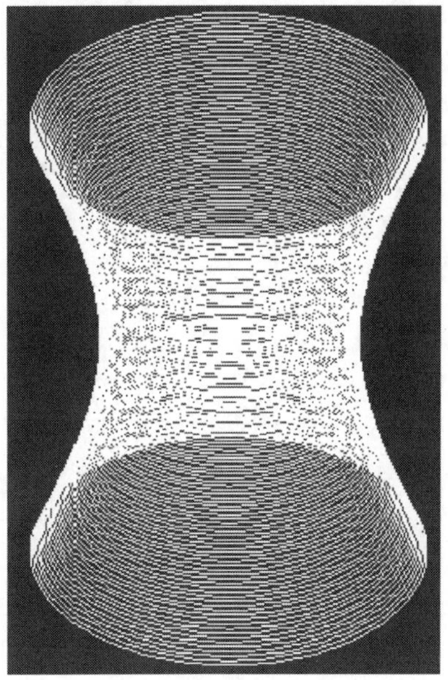

110

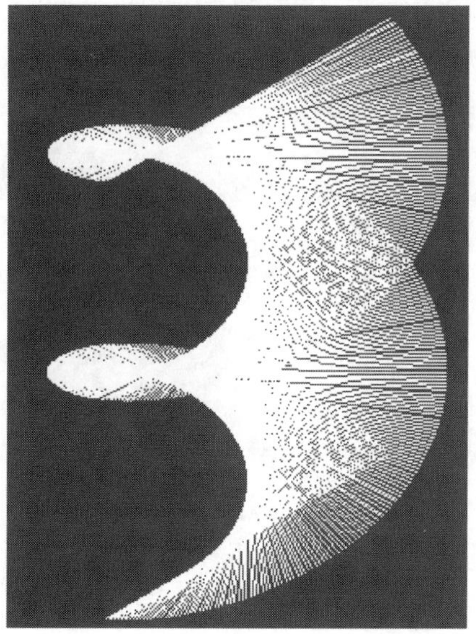

111

（2）试编写绘制半圆柱面、半圆锥面的程序，它们的大小自行设计。并分析完整圆柱面、圆锥面与部分圆柱面、圆锥面在程序编写中的异同。

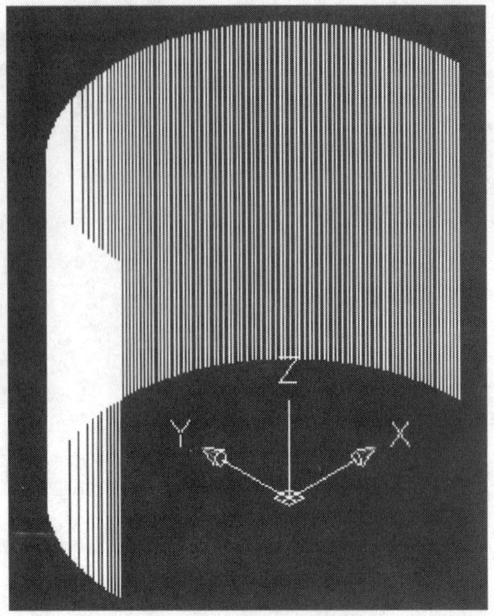

112

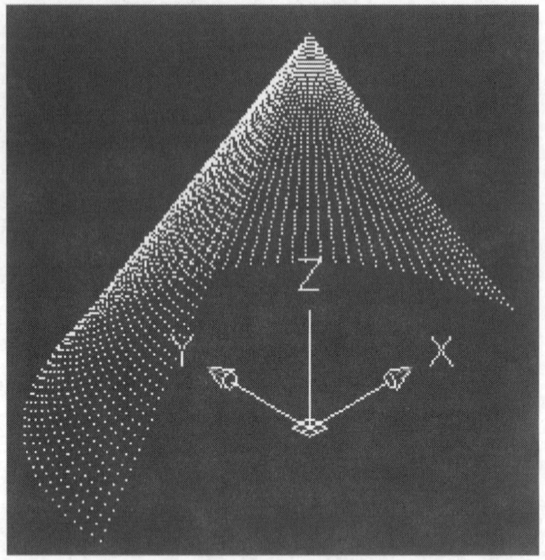

113

班级____________姓名____________学号____________

（3）试编写绘制半球面、半圆环面的程序，球面与圆环面的大小自行设计。并分析完整球面、圆环面与部分球面、圆环面在程序编写中的异同。

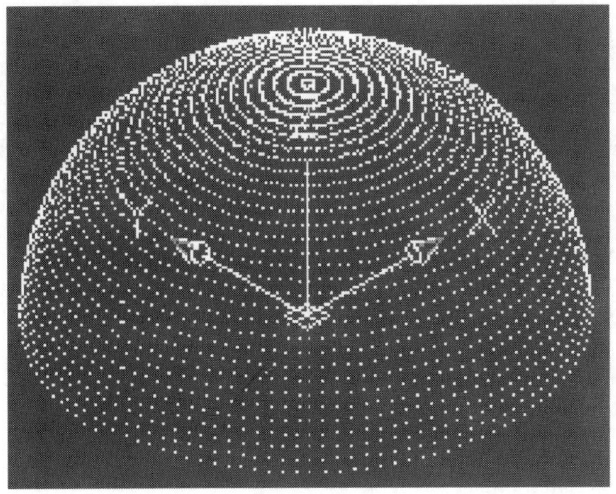

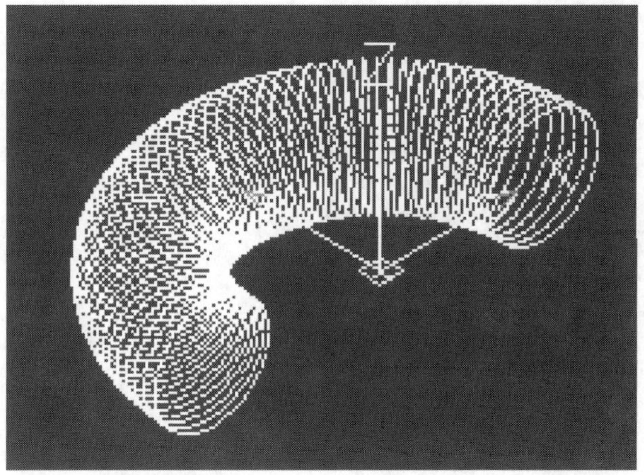

114

115

（4）试分析船形曲面的形成方式，用边界曲面功能造型船形曲面，大小自定，边界曲线用参数化方式设计。

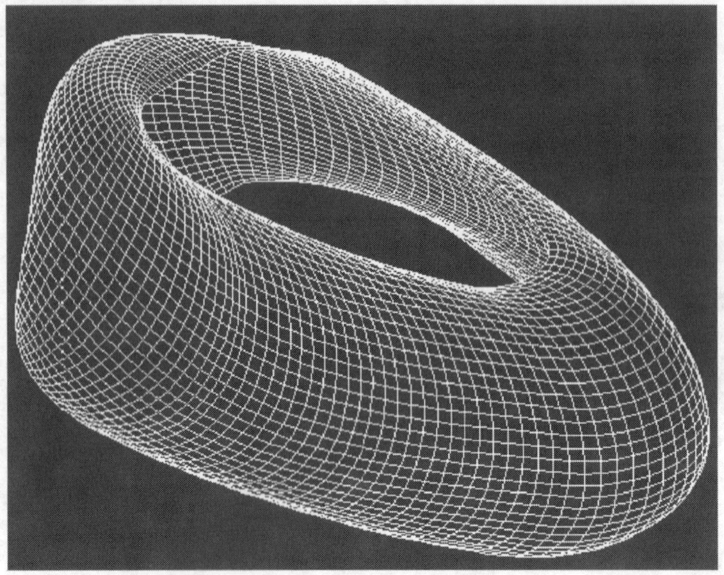

116

班级____________姓名____________学号____________

4.3 空间角度设计实验

（1）零件顶块需在坐标镗床上加工斜孔。镗孔时以工件的 1 面为支承面，装夹在万向转台圆盘上，用千分表找正 3 面，使它与机床工作台 X 向平行，并在适当位置上装放一个球头量器，作为测量基准。根据零件图上给定的角度，旋转机床的圆盘与转台，使孔轴线处于铅垂位置，以球心为基准求出 M 点坐标值，便可找到 M 点位置进行镗孔。已测得球头量器的球心到工件基面 2、3、4 的实际距离为 a、b、c。$a=30$，$b=10$，$c=50$，则 M 点对于球心坐标值 $x_0=105-c=55$，$y_0=-(40+b)=-50$，$z_0=a=30$。求工件经二次旋转，孔轴线处于铅垂位置时镗孔位置 M_2。

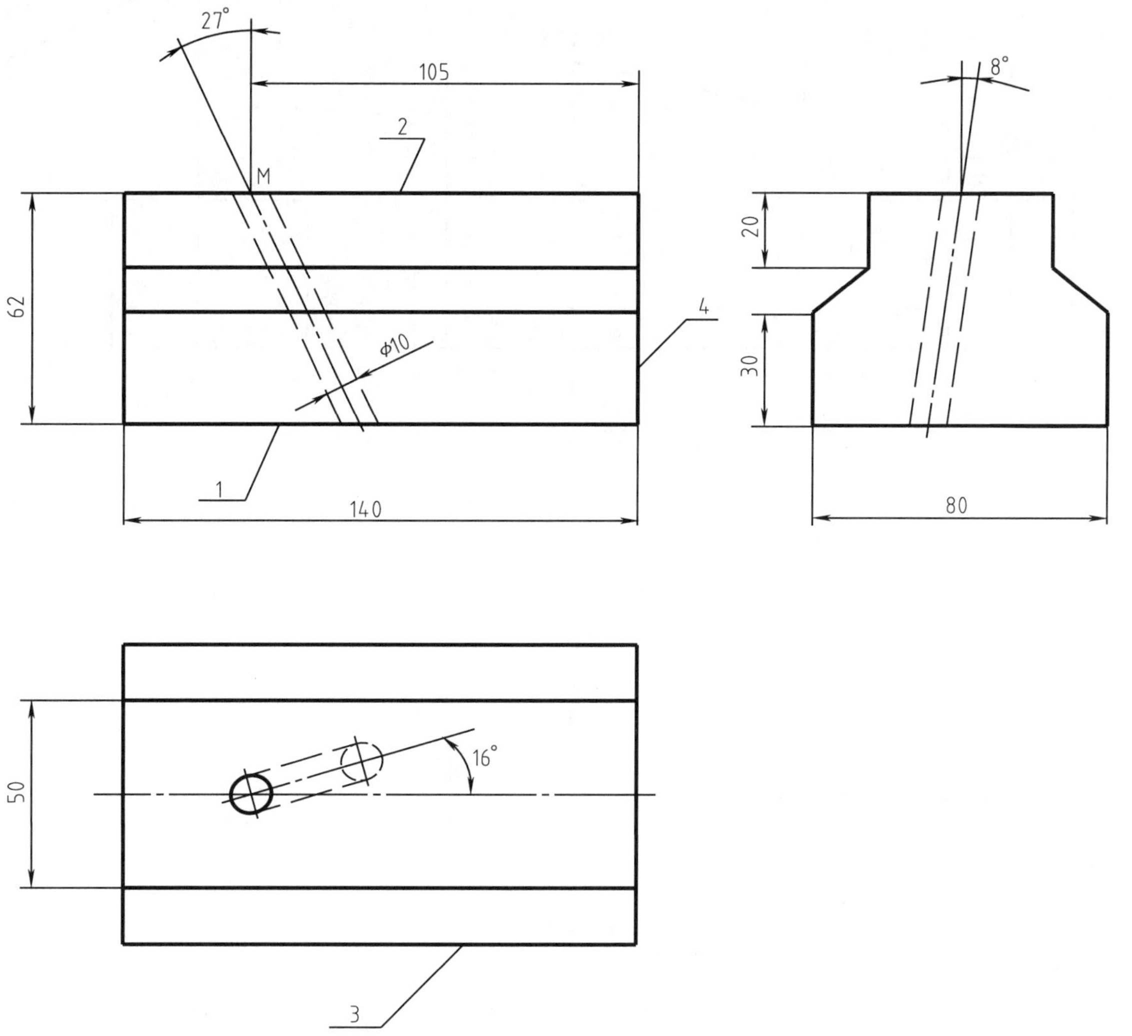

117

(2) 零件定位块需在平面磨床上磨削斜面 *P*，试求旋转定位块使 *P* 面成水平位置所需的旋转顺序与旋转角度。

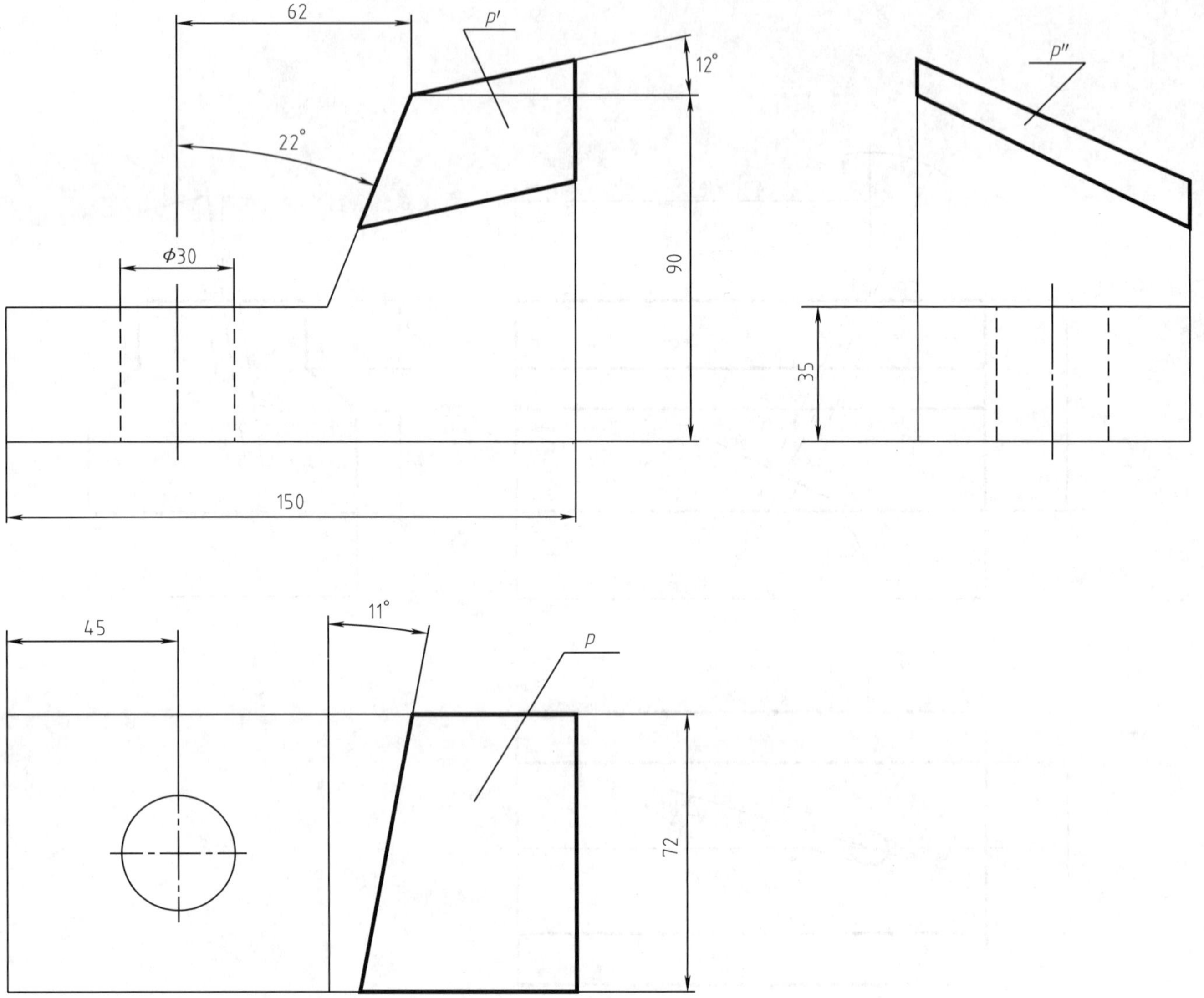

118

班级＿＿＿＿＿＿姓名＿＿＿＿＿＿学号＿＿＿＿＿＿

4.4 表面展开设计实验

（1）图中所示是一四棱台，试在视图上标注尺寸，求作其展开图，计算展开面积。

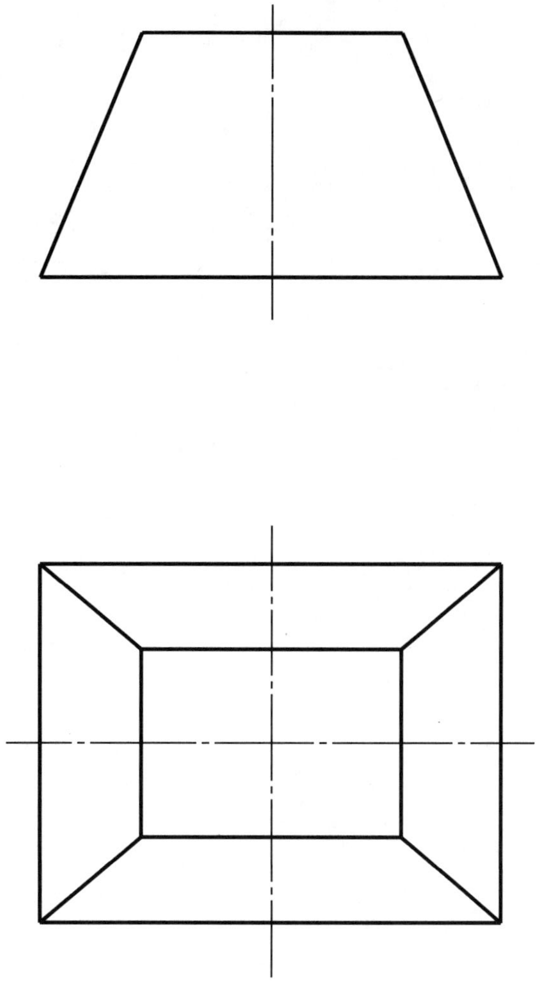

119

班级＿＿＿＿＿＿姓名＿＿＿＿＿＿学号＿＿＿＿＿＿

（2）图中所示是相贯的两圆柱面，试在视图上标注确定相贯体所需的参数，建立绘制展开图的数学模型，编写程序绘制展开图，计算展开面积。

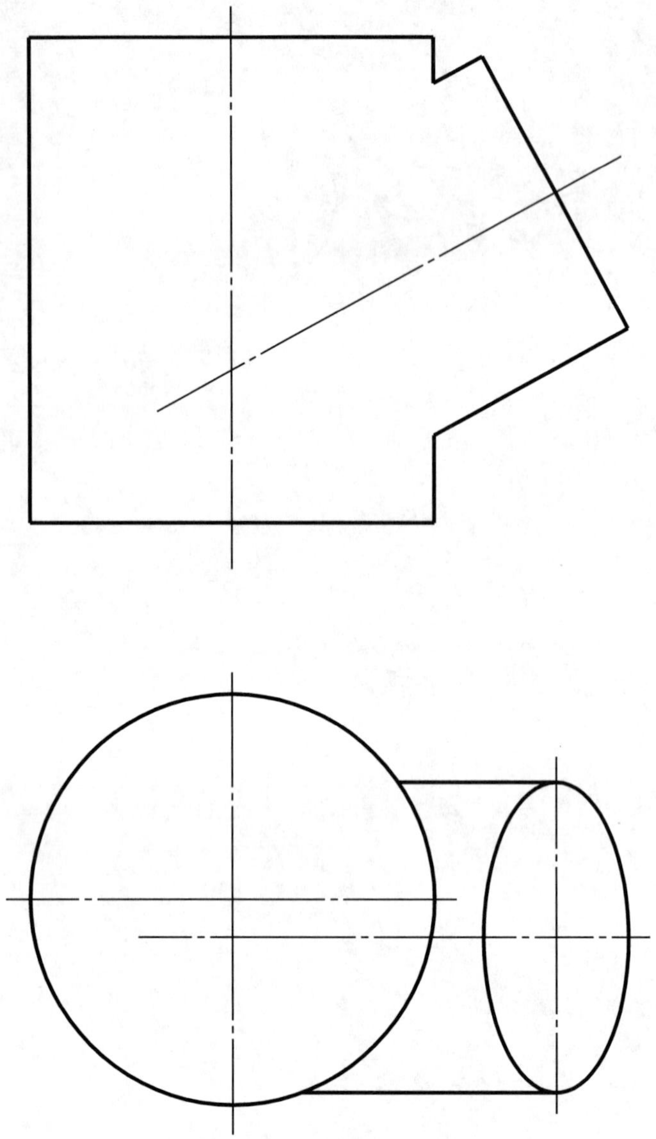

120

班级______ 姓名______ 学号______

（3）图中所示是相贯的半球面与圆柱面，试在视图上标注确定相贯体所需的参数，建立绘制展开图的数学模型，编写程序绘制展开图，计算展开面积。

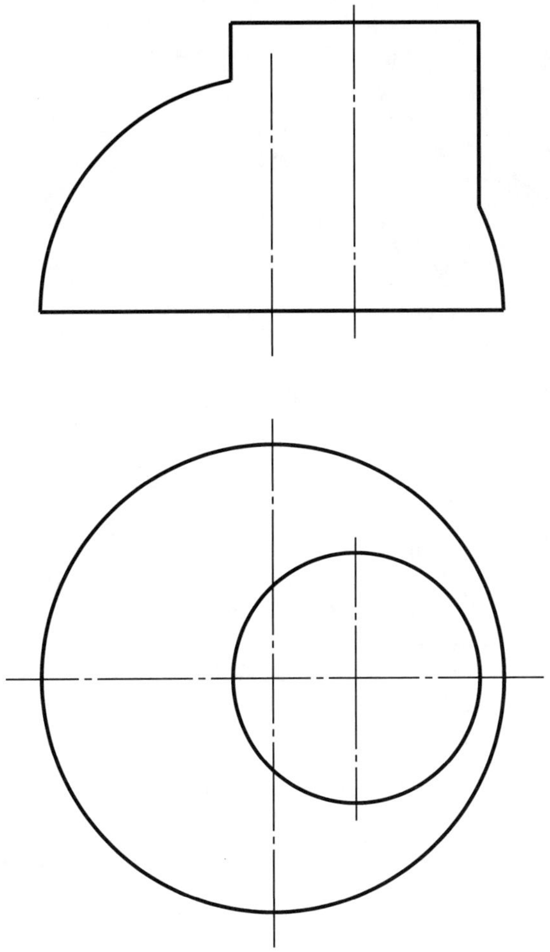

121

（4）图中所示是相贯的圆环面与圆锥面，试在视图上标注确定相贯体所需的参数，建立绘制展开图的数学模型，编写程序绘制展开图，计算展开面积。

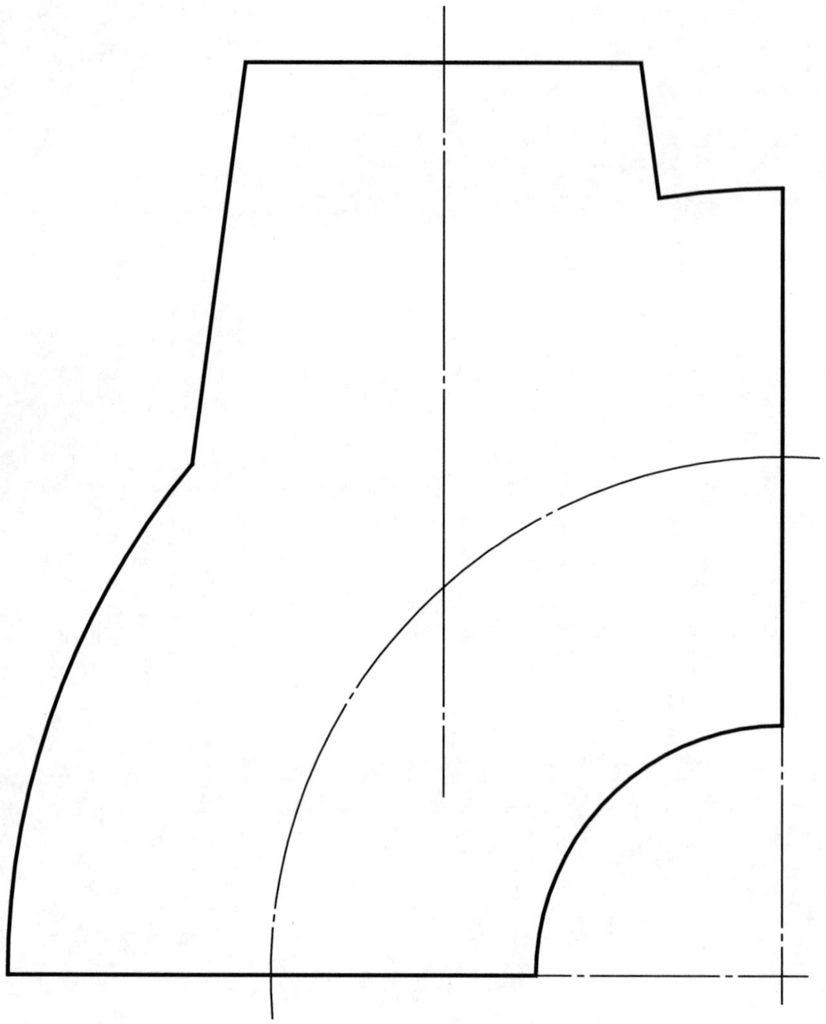

122

班级____________姓名____________学号____________

(5) 图中所示是相贯的圆锥面与圆柱面，试在视图上标注确定相贯体所需的参数，建立绘制展开图的数学模型，编写程序绘制展开图，计算展开面积。

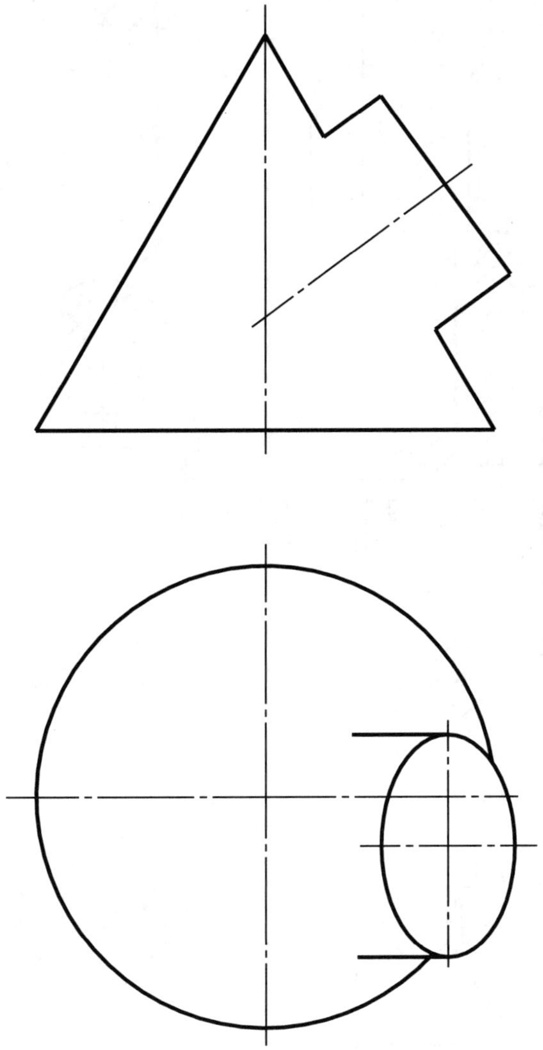

123

5. 零件图与装配图

5.1 零件图

(1) 读下面搅拌轴的零件图，并填空回答下列问题。

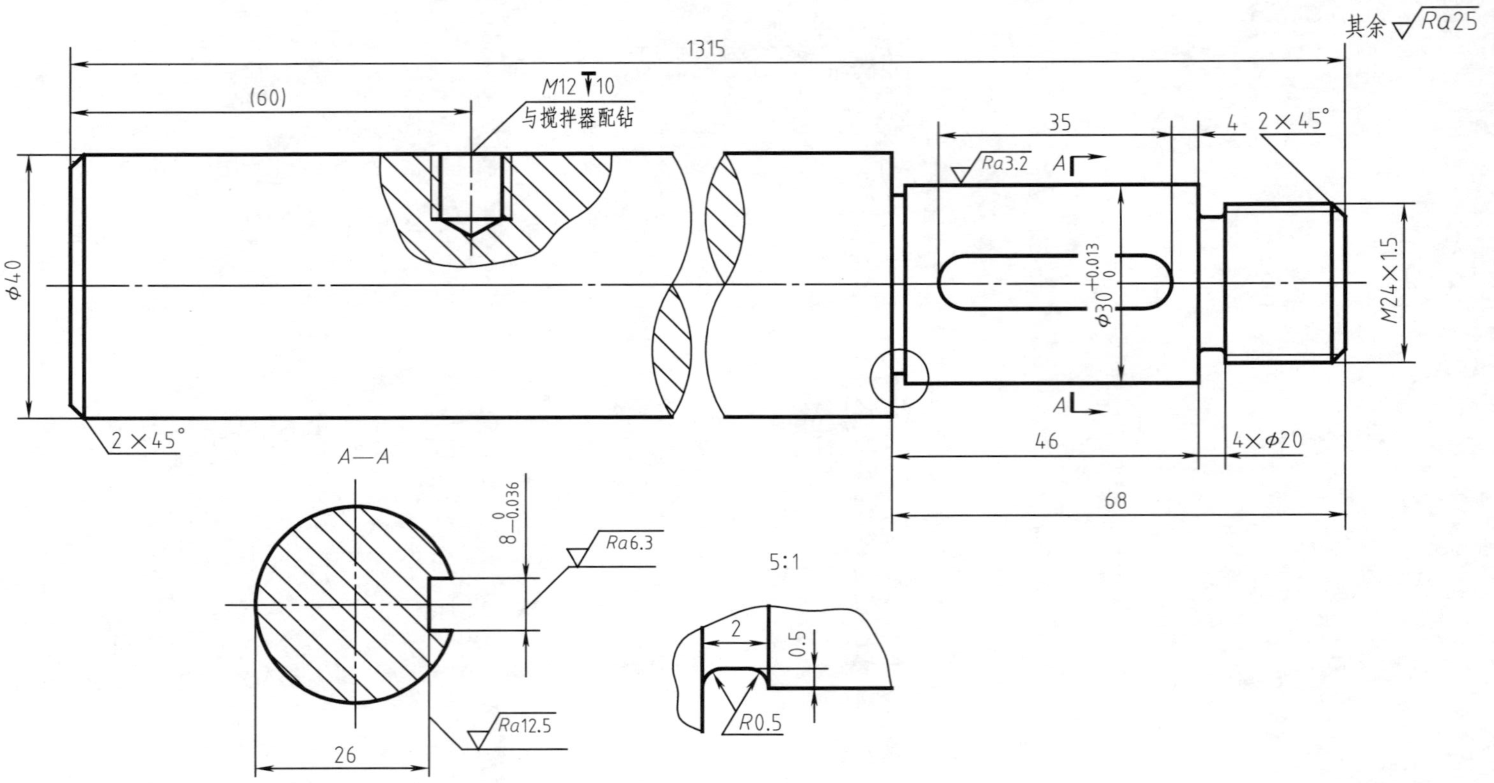

① 主视图是按____位置安放的。主视图上采用了____________________的表达方法。

② 除主视图外，还采用了________表达方法。它们分别表示____________结构。

③ 搅拌轴的材料是______。

124						
搅拌轴			比例	1∶1	XT190	
			数量	1		
制图			重量		材料	45
描图			华东理工大学			
审核						

(2) 读下面喷雾器套筒的零件图，并填空回答下列问题。

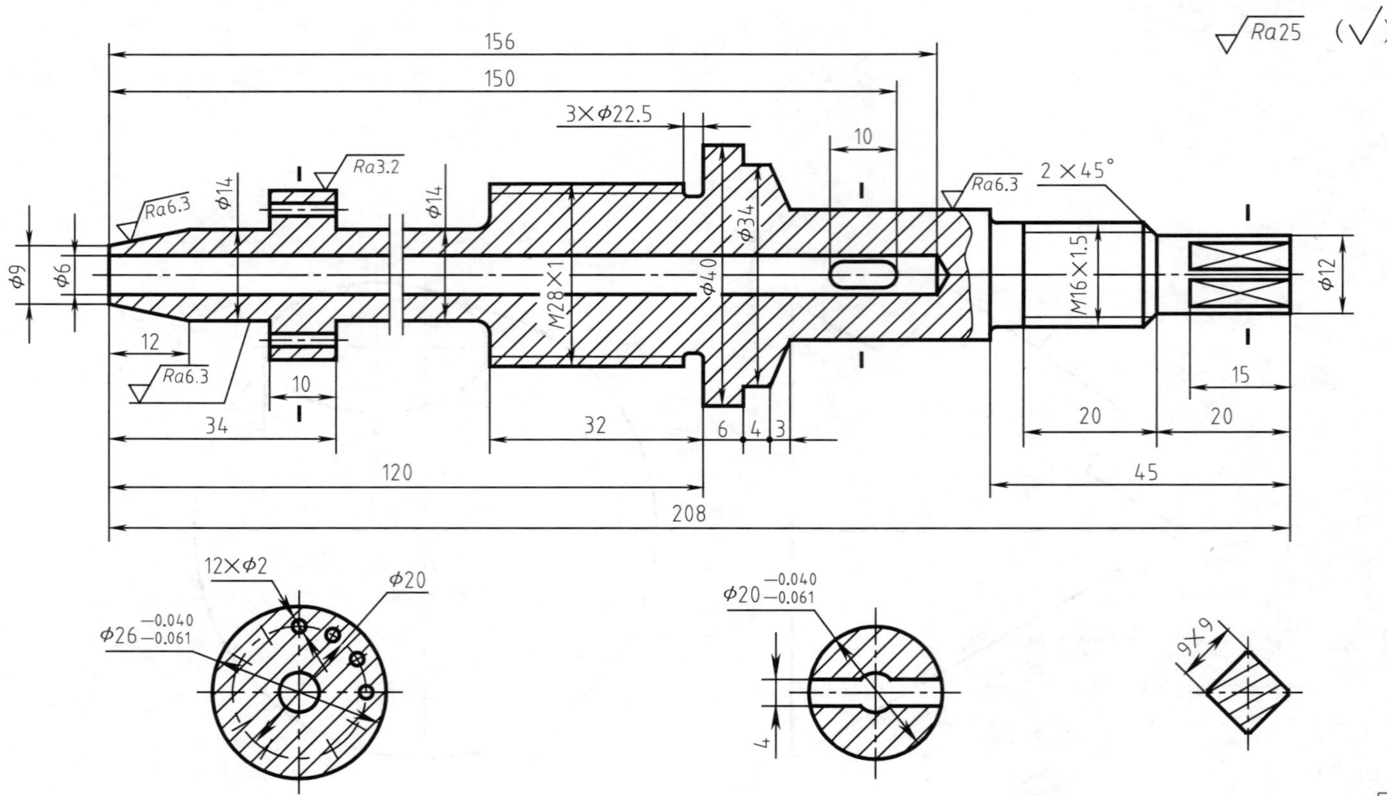

① 图中采用了____________________表达方法。

② 零件上 φ26 的圆柱部分有____个 φ2 的小孔，为____________分布。

125						
套　筒			比例	1∶1	XT191	
			数量	1		
制图			重量		材料	4Cr13
描图			华东理工大学			
审核						

班级____________ 姓名____________ 学号____________

(3) 读下面托架的零件图，补画其俯视图，并填空回答下列问题。

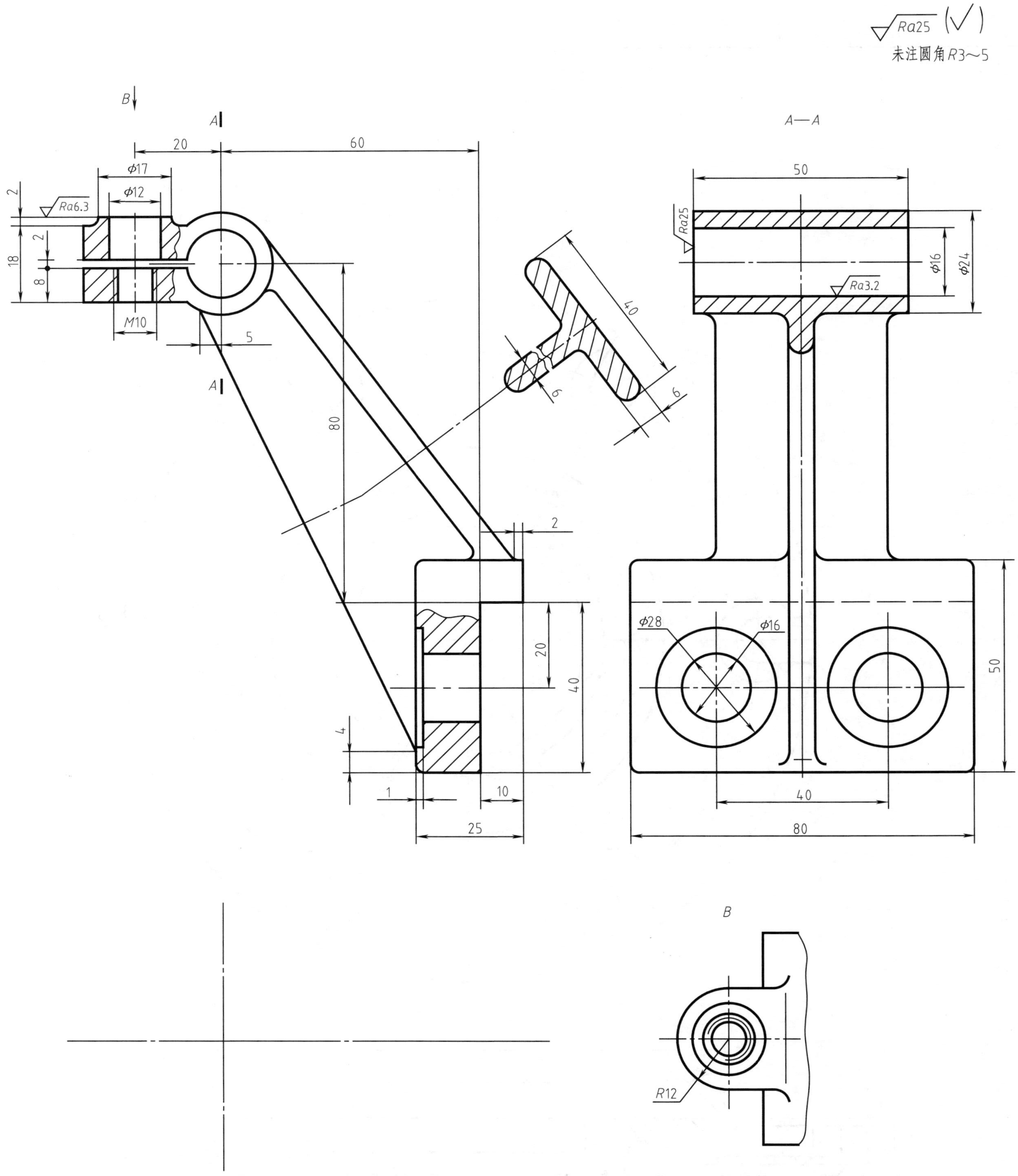

(1) 托架采用了＿＿＿＿＿、＿＿＿＿＿、＿＿＿＿＿、＿＿＿＿＿视图。

(2) 这些视图分别表达了托架零件的以下结构形状，其中：

① ＿＿＿＿＿＿＿＿＿＿＿＿＿＿＿＿＿＿＿＿＿＿＿＿＿＿＿＿＿＿＿＿＿＿＿；

② ＿＿＿＿＿＿＿＿＿＿＿＿＿＿＿＿＿＿＿＿＿＿＿＿＿＿＿＿＿＿＿＿＿＿＿；

③ ＿＿＿＿＿＿＿＿＿＿＿＿＿＿＿＿＿＿＿＿＿＿＿＿＿＿＿＿＿＿＿＿＿＿＿；

④ ＿＿＿＿＿＿＿＿＿＿＿＿＿＿＿＿＿＿＿＿＿＿＿＿＿＿＿＿＿＿＿＿＿＿＿。

							126
托　　架			比例	1∶1	XT193		
			数量	1			
制图			重量		材料	HT150	
描图			华东理工大学				
审核							

(4) 读下面釜盖的零件图，试填空回答下列问题。

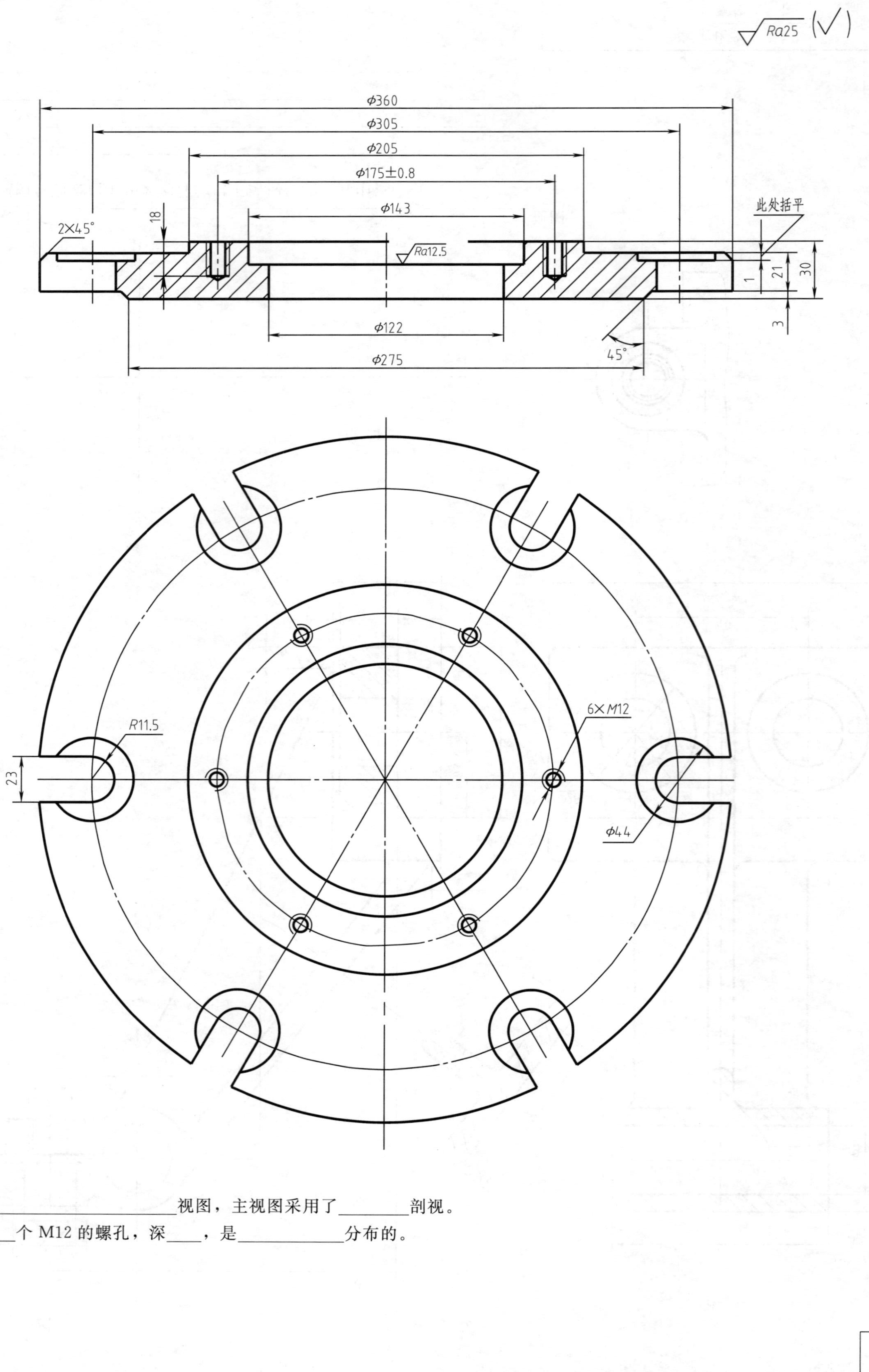

① 图中采用了____________视图，主视图采用了_____剖视。

② 釜盖上有___个 M12 的螺孔，深___，是________分布的。

						127
釜 盖			比例	1∶2		XT192
			数量	1		
制图			重量		材料	Q235
描图			华东理工大学			
审核						

班级________ 姓名________ 学号________

（5）读下面泵体的零件图，分析零件的结构形状，将俯视图改画成 *A—A* 剖视，并填空回答下列问题。

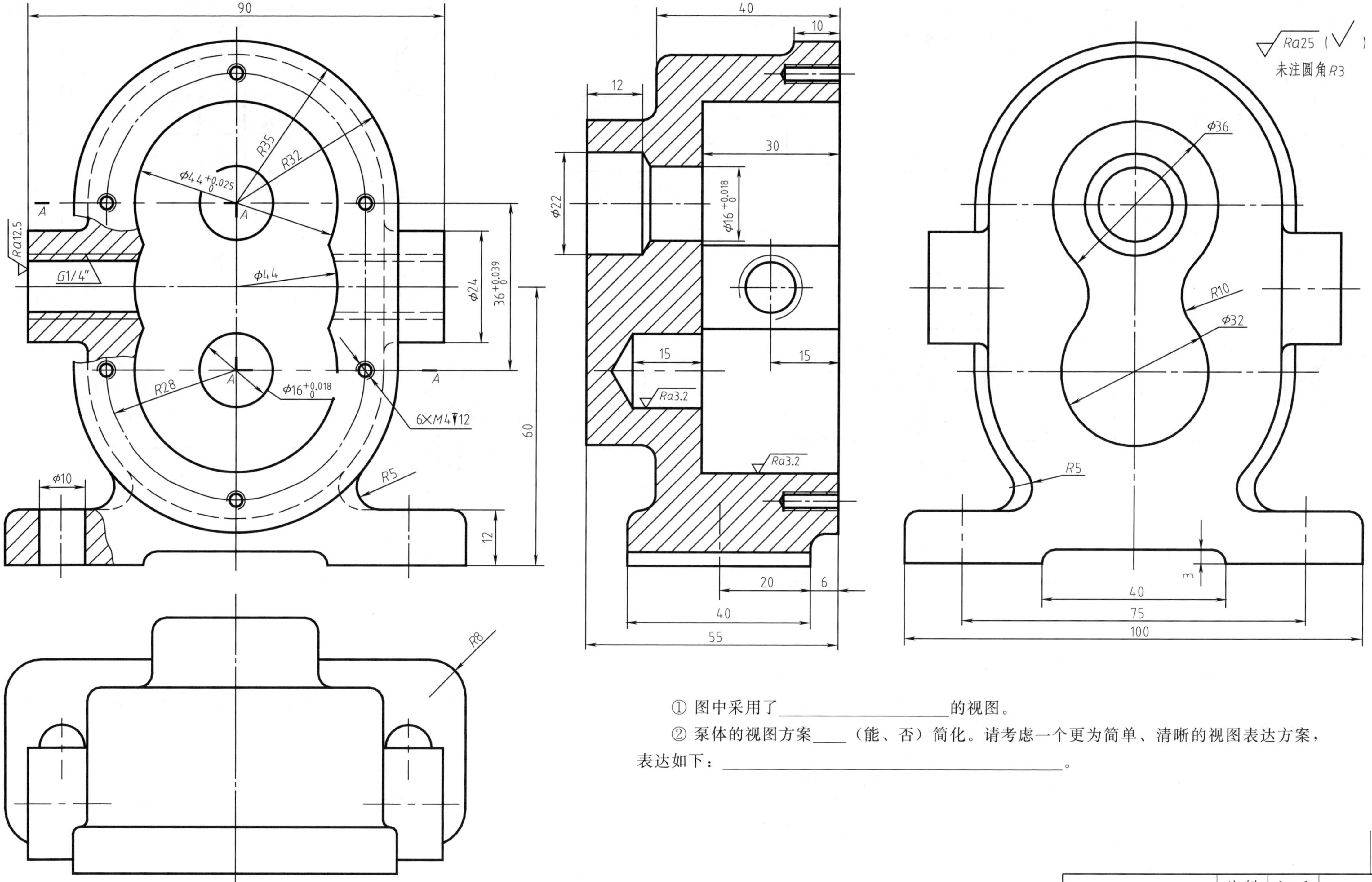

① 图中采用了__________________的视图。

② 泵体的视图方案____（能、否）简化。请考虑一个更为简单、清晰的视图表达方案，表达如下：____。

泵　　体	比例	1∶1	XT194	128
	数量	1		
制图	重量		材料	HT150
描图	华东理工大学			
审核				

班级__________姓名__________学号__________

(6) 已知下列螺纹标记，填表说明其意义。

螺纹标记	螺纹种类	公称直径	螺距	导程	线数	旋向	公差带代号	旋合长度代号
M30-6H								
M16-5g6g-S								
M24×1.5-6g								
Tr36×14(P7)LH-8H-L								
G1/2A								

129

(7) 分析下列螺纹及螺纹连接画法的错误，在指定位置将正确的画出。

①

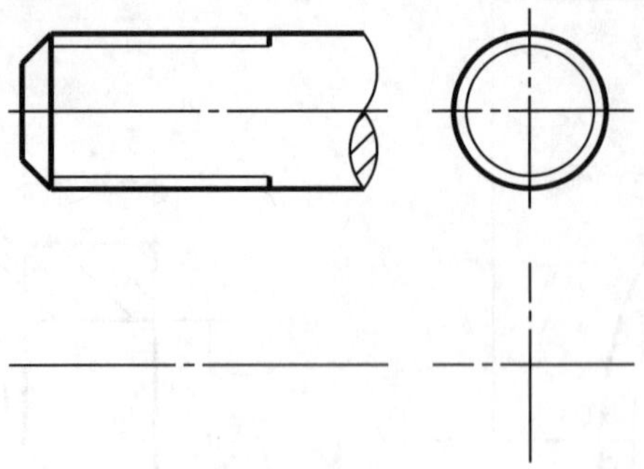

②

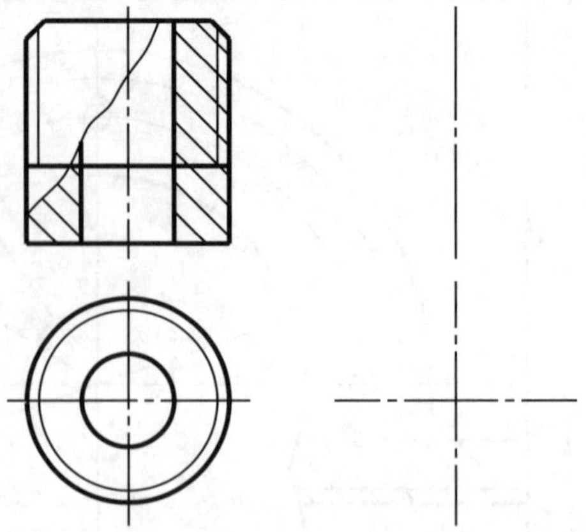

③

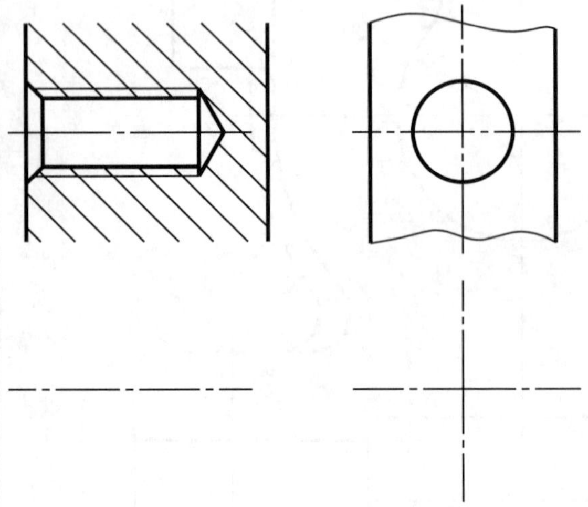

④

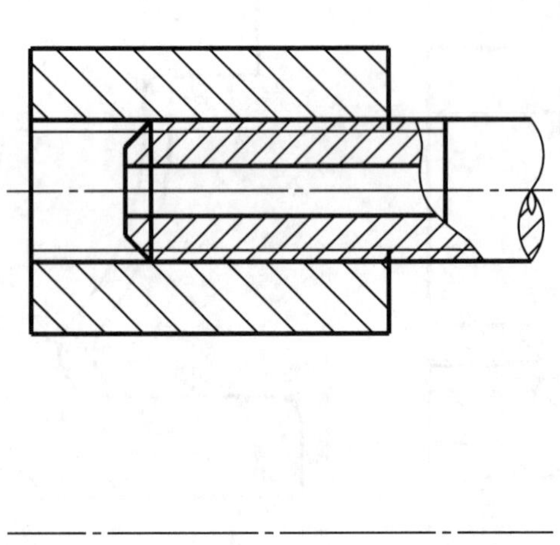

⑤

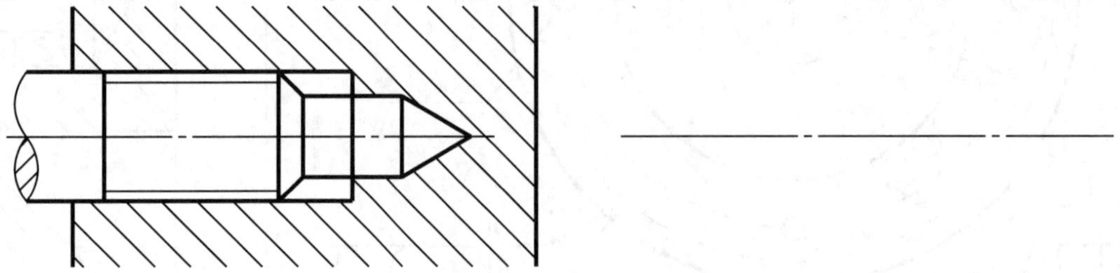

130

(8) 按已知条件画出螺纹或螺纹连接的两视图，并标注①、②小题的尺寸。

① 在 $d=16$、$L=45$ 的圆柱杆上车削普通螺纹，螺距 $t=2$，螺纹部分长 22，倒角宽度 $c=2$。

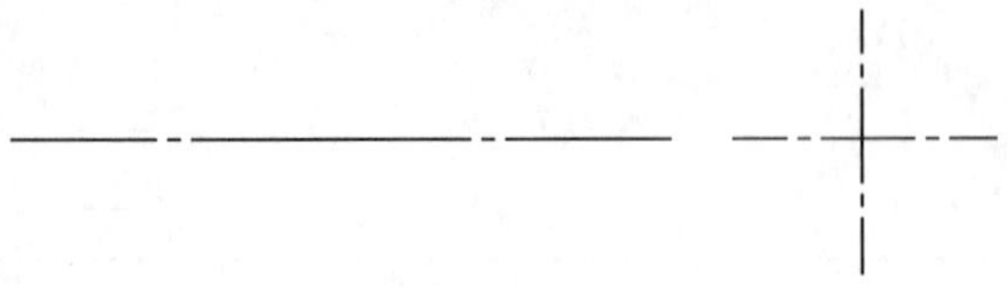

② 已知机件上有一 M16 的螺孔，螺纹深 26，钻孔深 30，试画出螺孔的剖视图。

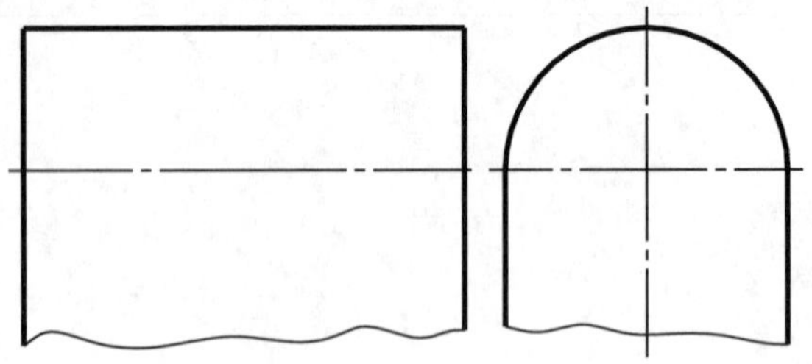

③ 将题①之螺纹件旋入题②之螺孔中（旋紧为止），试画出它们的连接装配图，并画出 $A—A$ 剖视图。

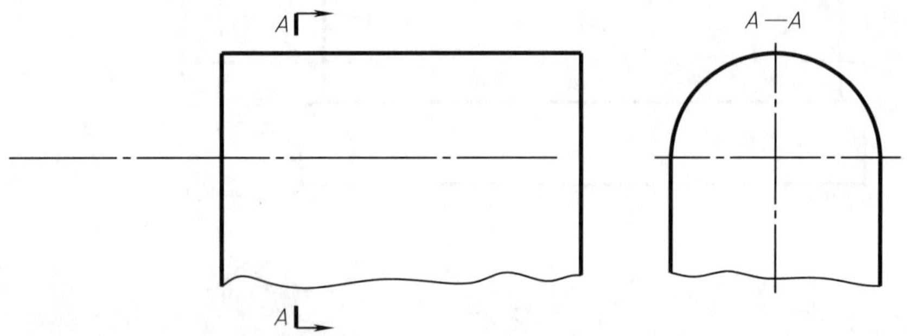

131

班级＿＿＿＿＿＿姓名＿＿＿＿＿＿学号＿＿＿＿＿＿

(9) 根据表中给定的表面粗糙度，将其正确地标注在图上。

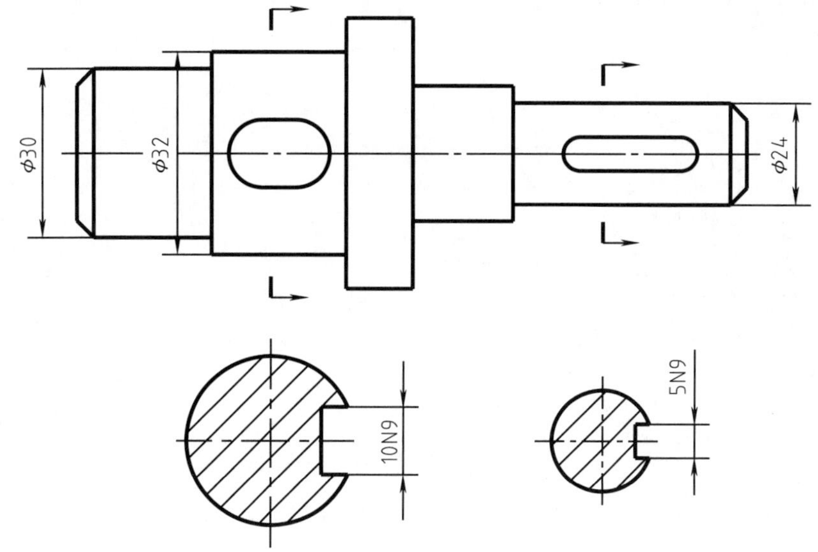

φ30圆柱面	φ32圆柱面	φ24圆柱面	键槽两侧面	其余表面
Ra 1.6	Ra 1.6	Ra 3.2	Ra 6.3	Ra 12.5

132

(10) 按装配图中的配合代号，分别在零件图上注出基本尺寸和上、下偏差，并填空回答下列问题。

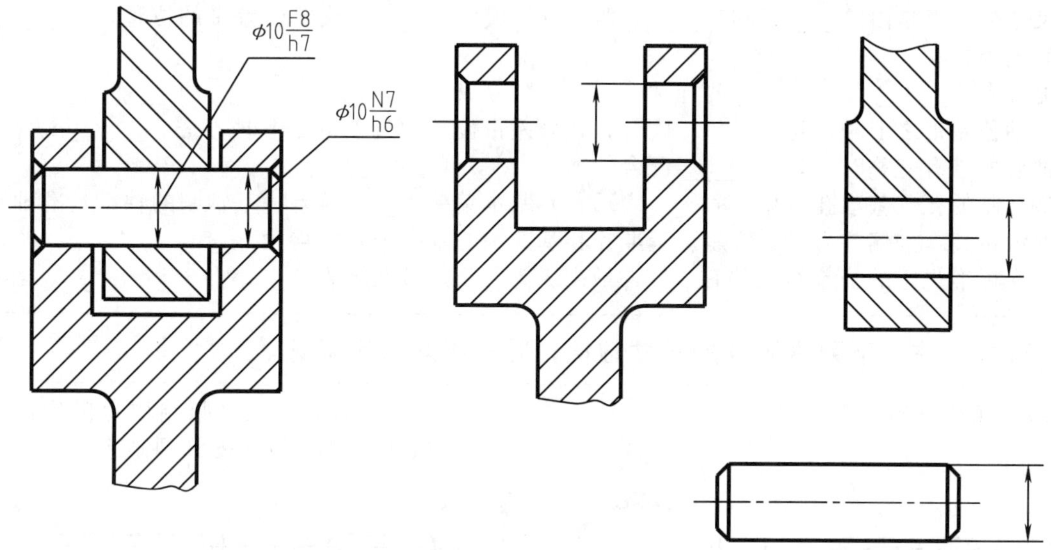

图中配合代号 φ10F8/h7 中，φ10 表示____尺寸；F8/h7 表示____制的____配合。其公差等级：孔____级，轴____级。孔的上偏差为____、下偏差为____、基本偏差为____；轴的上偏差为____、下偏差为____、基本偏差为____。

图中配合代号 φ10N7/h6，表示____制的____配合。

133

(11) 找出轴承套图中表面粗糙度代号的标注错误，并在右图中作正确的标注。

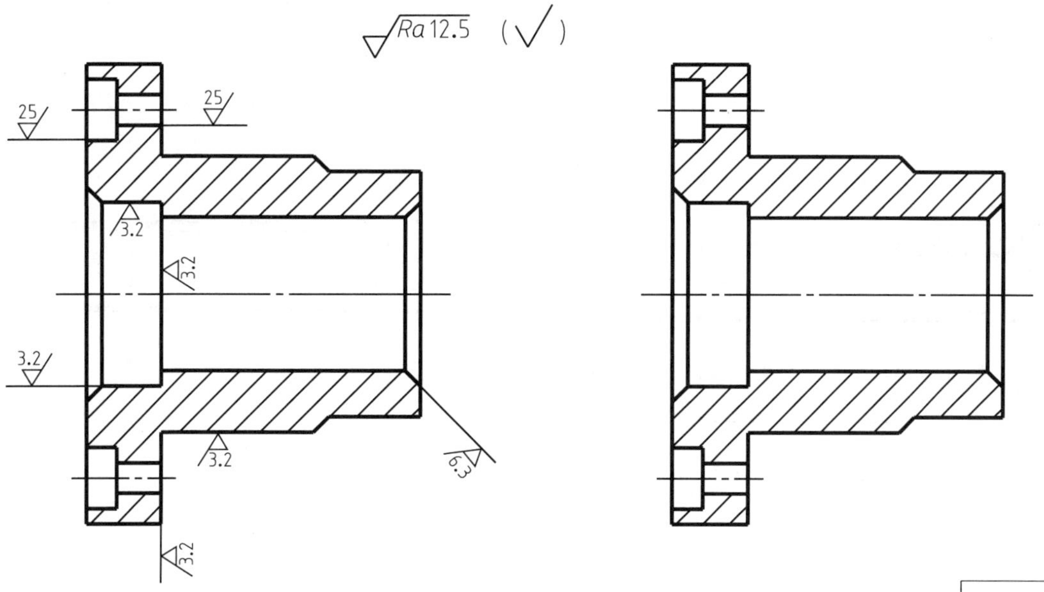

134

(12) 根据已知零件的尺寸，在右图中标注配合代号并回答问题。

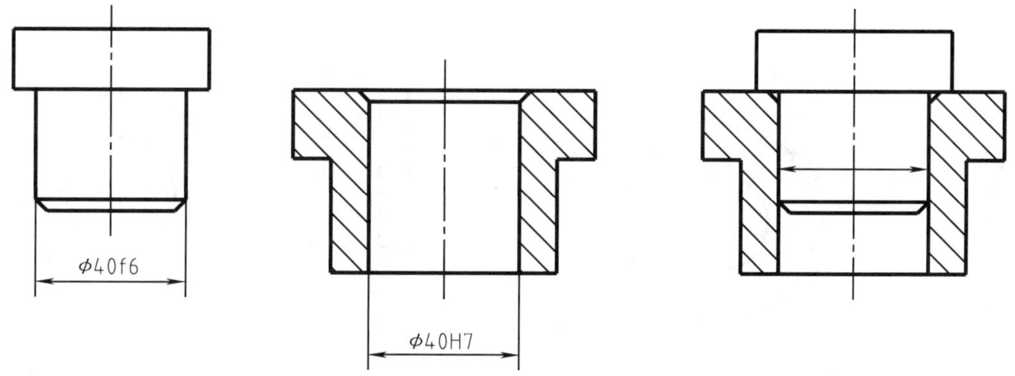

两零件装配后，形成____制的____配合，配合代号为____；

孔的上偏差为____、下偏差为____、基本偏差为____、公差等级为____；

轴的上偏差为____、下偏差为____、基本偏差为____、公差等级为____。

135

（13）极限与配合基本概念填空题。

（1）尺寸公差带是由________和________两部分组成。________确定公差带的位置，________确定公差带的大小。

（2）配合有________和________两种基准制。配合分成________、________和________三类。孔公差带位于轴公差带之上时，是________配合；孔公差带位于轴公差带之下时，是________配合；孔公差带与轴公差带有交叠时，是________配合。

（3）基孔制的孔（基准孔）用符号____表示，其基本偏差为____偏差。基轴制的轴（基准轴）用符号____表示，其基本偏差为____偏差。基准孔和基准轴的基本偏差值均为____。

（4）国家标准规定的公差等级共有____，最高级为____，最低级为____。

136

（14）已知一螺母的规定标记为螺母 GB/T 41 M24，试用比例画法画出其三视图。

137

（15）查表，注出下列紧固件的尺寸数值，并写出其规定标记。

① C 级六角头螺栓

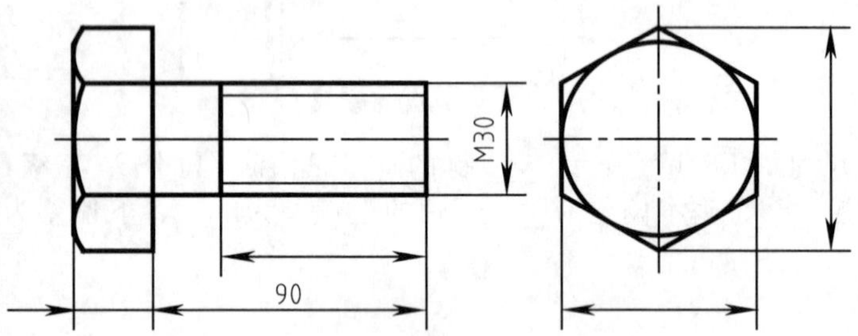

规定标记____________________

② 双头螺柱（两端均为粗牙普通螺纹，$b_m = 1.25d$，按 B 型制造）

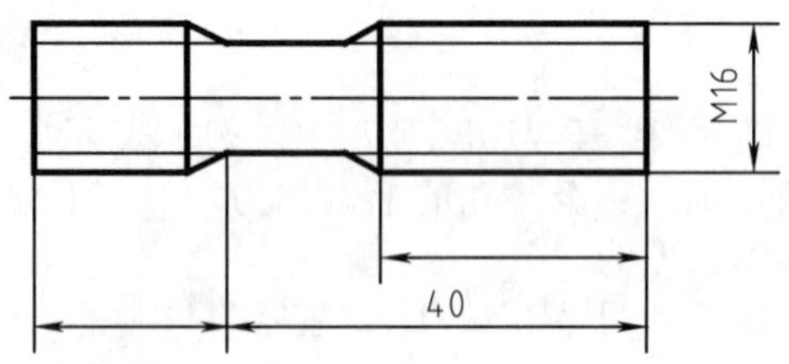

规定标记____________________

③ C 级六角螺母

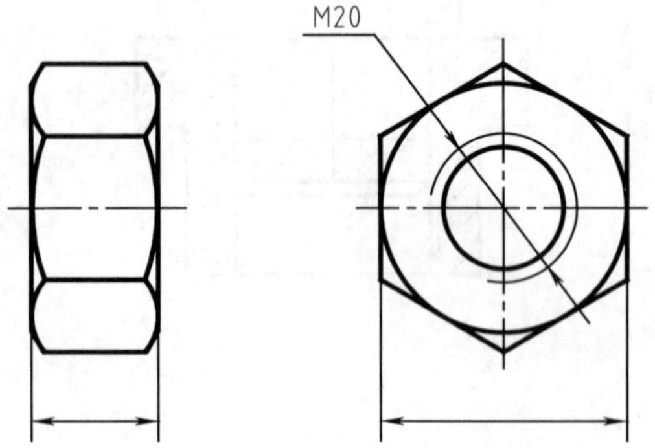

规定标记____________________

④ 平垫圈（公称直径 16mm，性能等级为 A140 级）

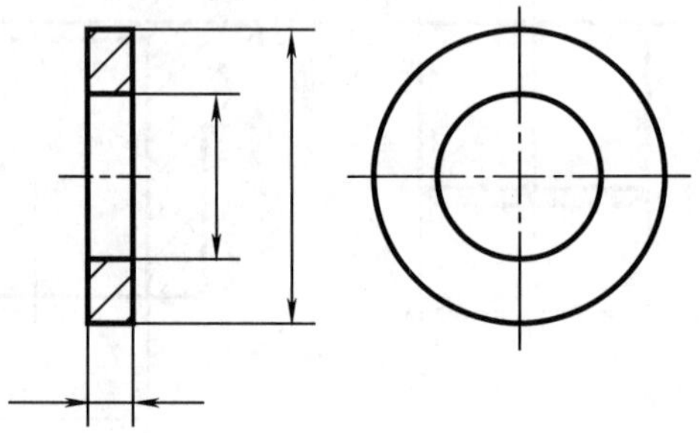

规定标记____________________

⑤ 开槽沉头螺钉

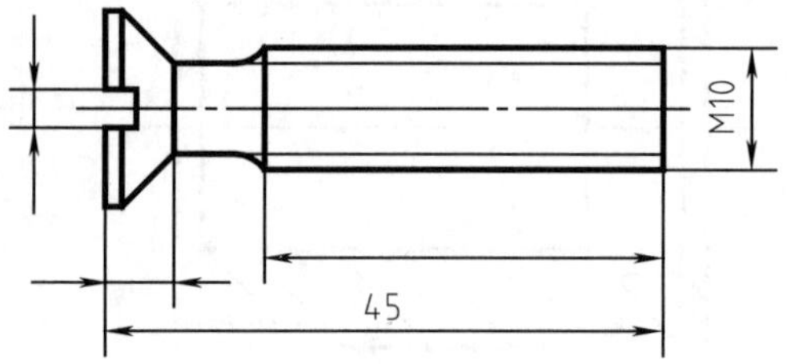

规定标记____________________

⑥ 开槽锥端紧定螺钉

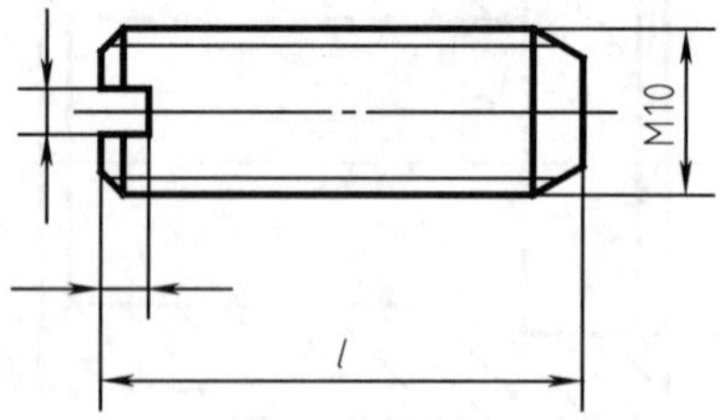

规定标记____________________

138

班级____________姓名____________学号____________

(16) 已知标准直齿圆柱齿轮的模数 $m=5$，齿数 $z=42$，计算轮齿各直径，按 1∶2 的比例画全其两视图，并标注齿轮直径及键槽部分的尺寸。

分度圆直径 d：

齿顶圆直径 d_a：

齿根圆直径 d_f：

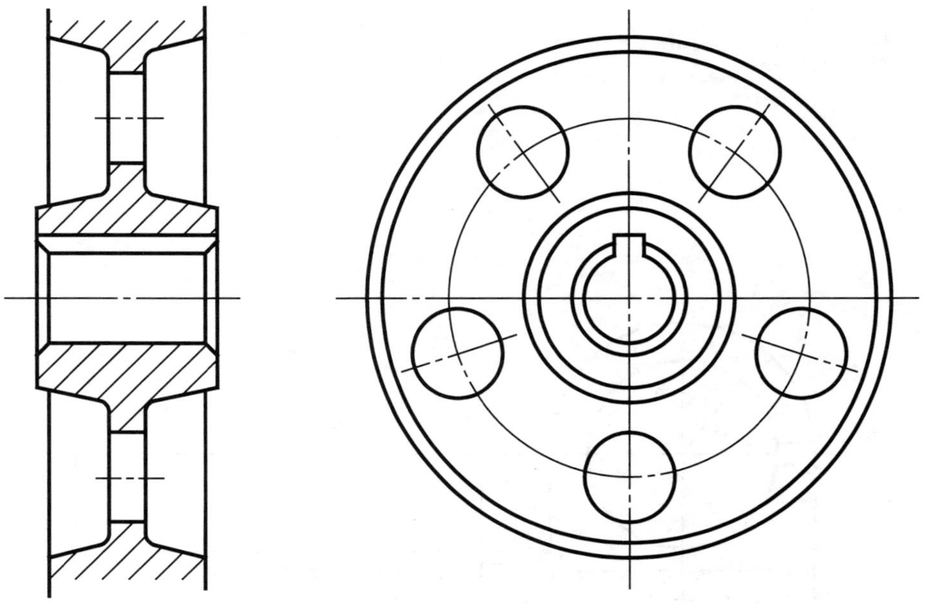

139

(17) 已知两标准直齿圆柱齿轮的中心距 A＝114mm，大齿轮的模数 $m=4$mm，齿数 $z_2=38$，计算两齿轮的主要参数，并按 1∶2 的比例画全两个齿轮的啮合图。

大齿轮的主要参数

分度圆直径 d_2：

齿顶圆直径 d_{2a}：

齿根圆直径 d_{2f}：

小齿轮的主要参数

齿数 z：

分度圆直径 d_1：

齿顶圆直径 d_{1a}：

齿根圆直径 d_{1f}：

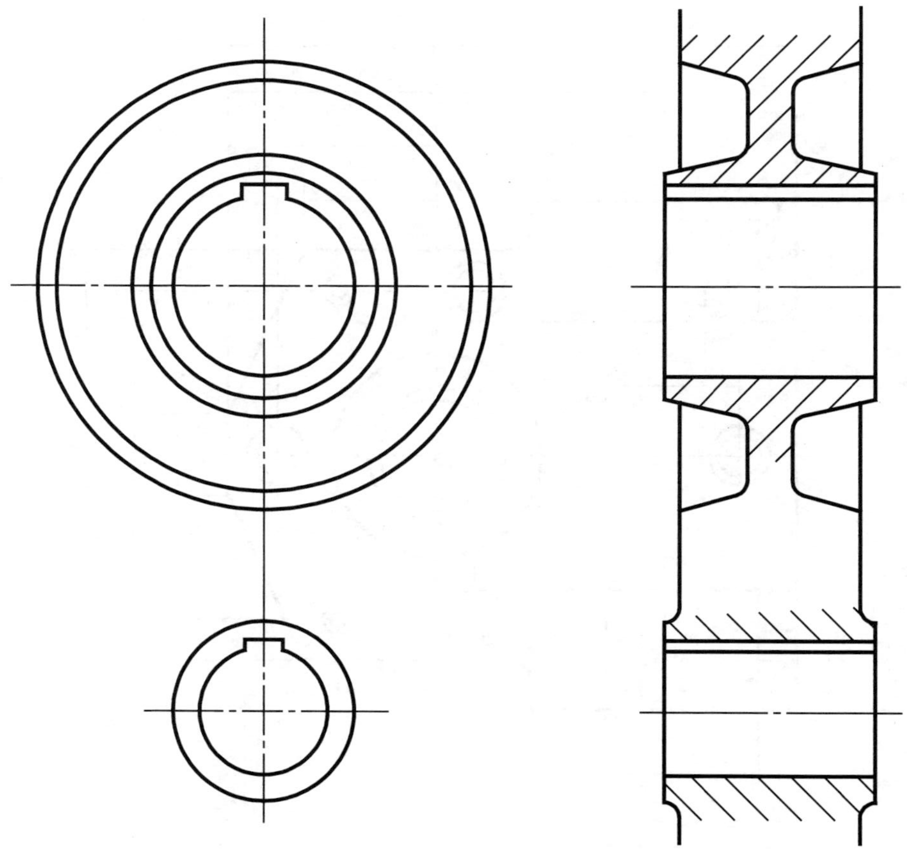

140

班级________ 姓名________ 学号________

(18) 读下面轴承架的零件图，分析零件的结构形状，画出其俯视图外形，并填空回答下列问题。

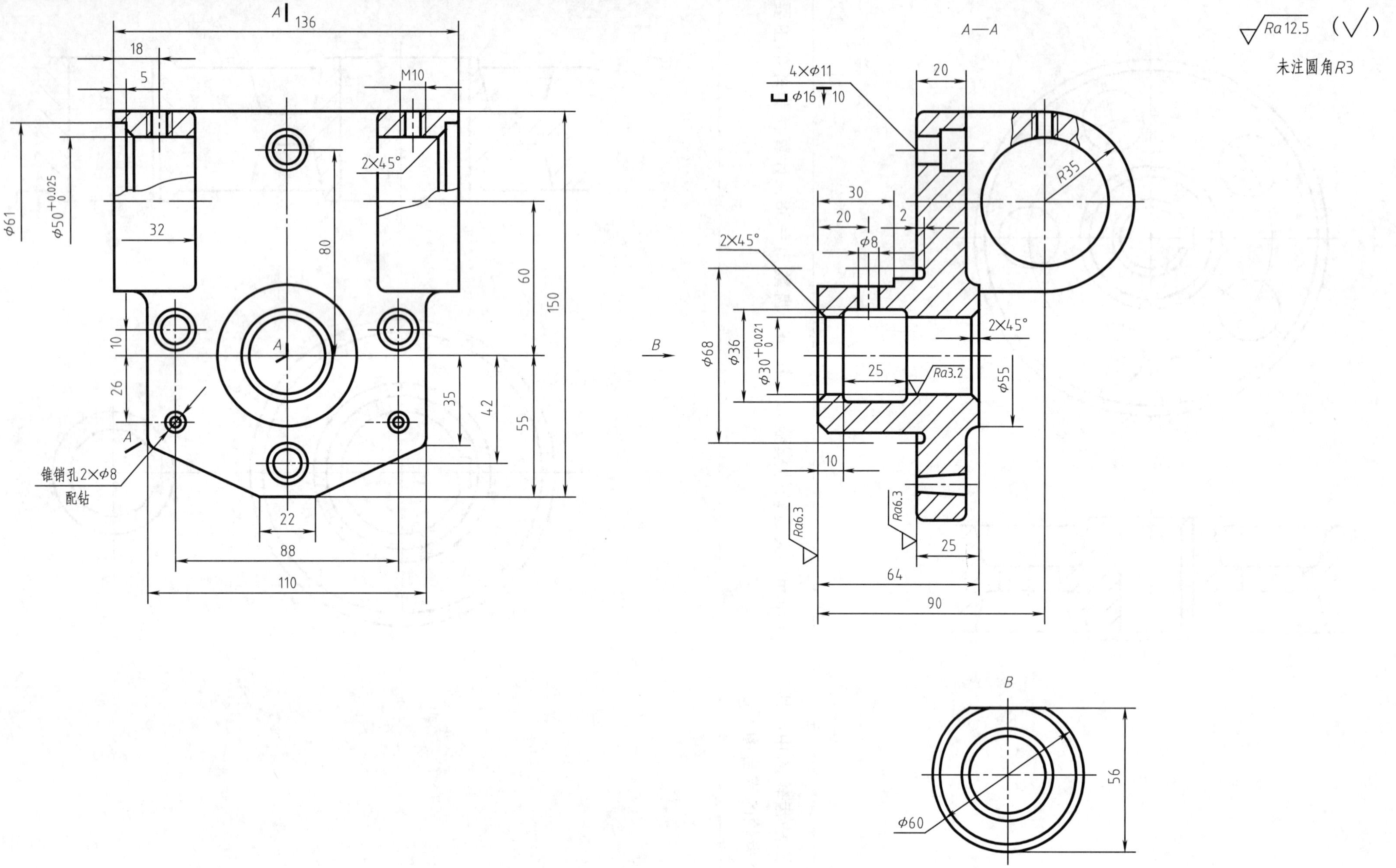

① 图中采用了__________视图，左视图采用了______剖视。

② 说明 $\phi50^{+0.025}_{0}$ 的意义：__________。

					141
轴承架		比例	1∶2	XT214	
		数量	1		
制图		重量		材料	HT150
描图		华东理工大学			
审核					

班级________姓名________学号________

（19）读下面箱体的零件图，分析箱体各个方向的尺寸基准，并注明。并在指定位置画出 **A—A** 剖视图，填空回答下列问题。

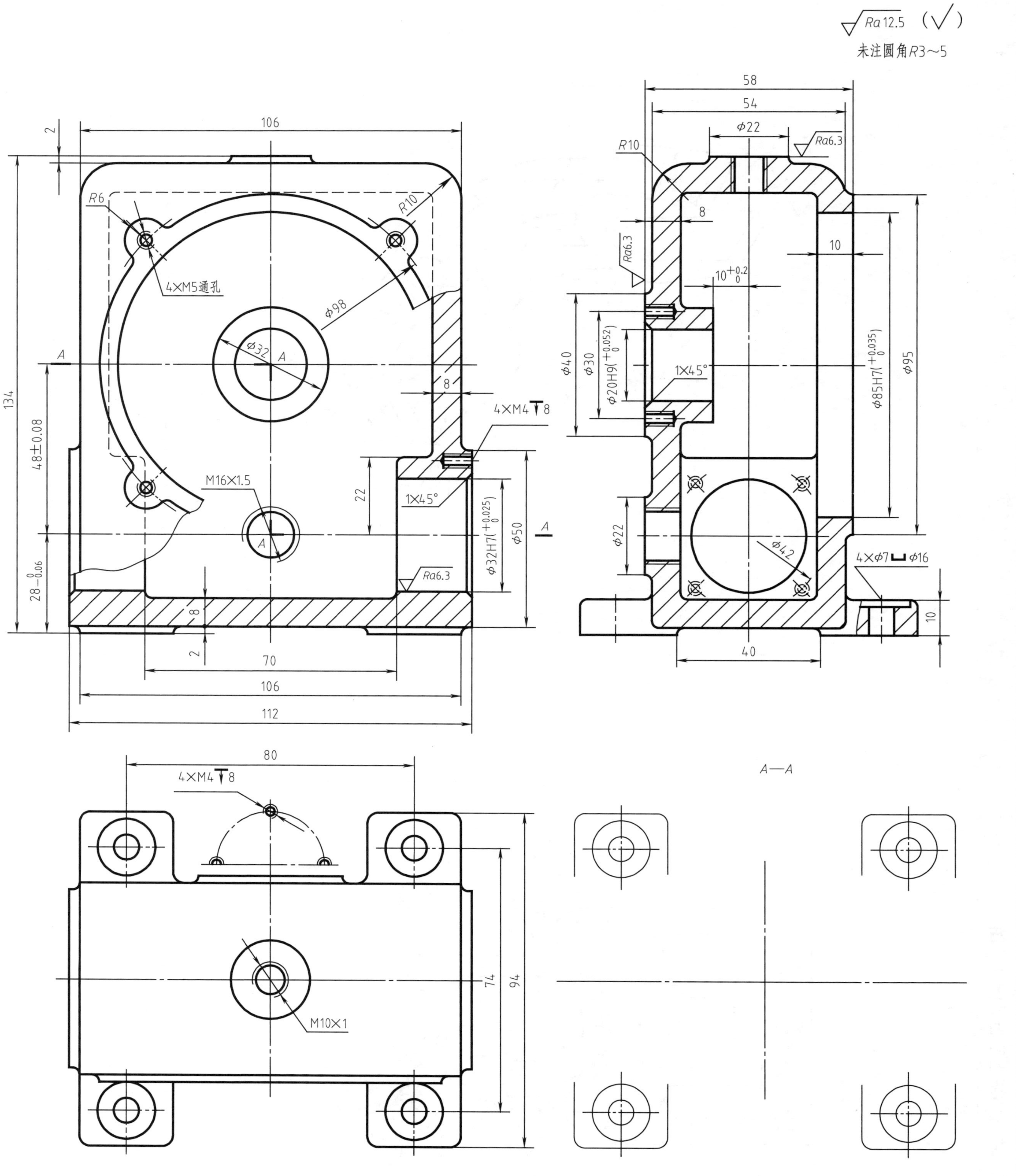

① 图中采用了____________视图和____________剖视方法。

② 箱体的前后、左右______（是、不是）对称的。

③ 箱体上____________表面加工要求最高，请指明。

技术要求

铸件应进行时效处理以消除内应力。

					142	
箱　体			比例	1∶1	XT215	
			数量	1		
制图			重量		材料	HT150
描图			华东理工大学			
审核						

（20）根据零件的轴测图，在方格纸上画出其零件草图。

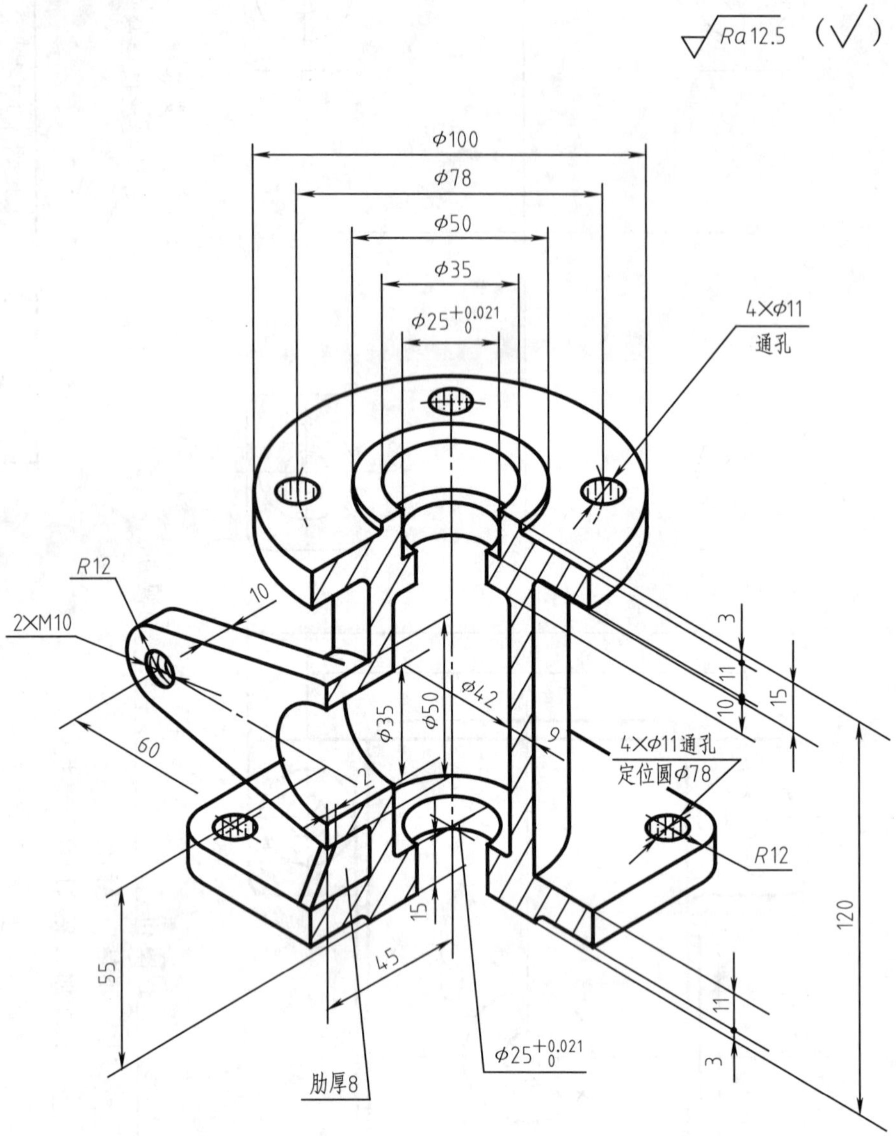

未注圆角：R3～5

外表不加工面涂漆

名称：机体

材料：HT150

143

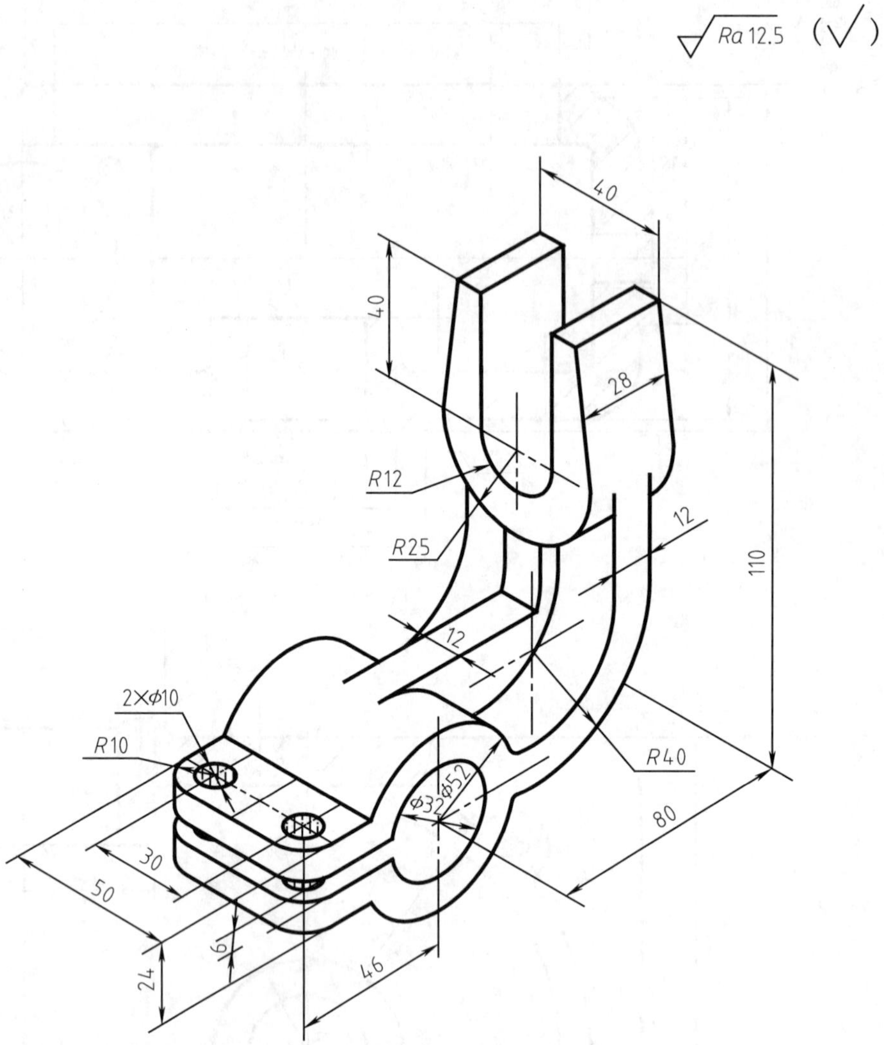

未注圆角：R3～5

外表不加工面涂漆

名称：支架

材料：HT150

144

班级________姓名________学号________

5.2 零件图实验

已知齿轮　模数 $m=3$　齿数 $z=79$　分度圆直径 $d=mz$ 齿顶圆直径 $d_0=m(z+2)$　齿根圆直径 $d_f=m(z-2.5)$　齿轮的其余尺寸如图（a）所示。要求：

① 设计一个根据模数、齿数计算分度圆直径、齿根圆直径的程序，要求通过对话框输入已知的模数、齿数。

② 根据如图（a）所示的齿轮视图对齿轮进行三维造型，其中轮齿部分要求写出渐开线方程，编写渐开线程序，用渐开线造型。

③ 将所造的三维图形生成如图（a）所示的齿轮视图，并标注尺寸。

④ 应用键槽数据表建立数据库，由轴直径 $d=58$ 检索对应的 b、h、t、t_1、r 等尺寸并画出图形（b）。

键槽数据表

轴径 d			6	8	10	12	17	22	30	38	44	50	58
公称尺寸		b	2	3	4	5	6	8	10	12	14	16	18
		h	2	3	4	5	6	7	8	8	9	10	11
键槽	深度	t	1.2	1.8	2.5	3.0	3.5	4.0	5.0	5.0	5.5	6.0	7.0
		t_1	1.0	1.4	1.8	2.3	2.8	3.3	3.3	3.3	3.8	4.3	4.4
	半径	r	0.16	0.16	0.16	0.25	0.25	0.25	0.40	0.40	0.40	0.40	0.40

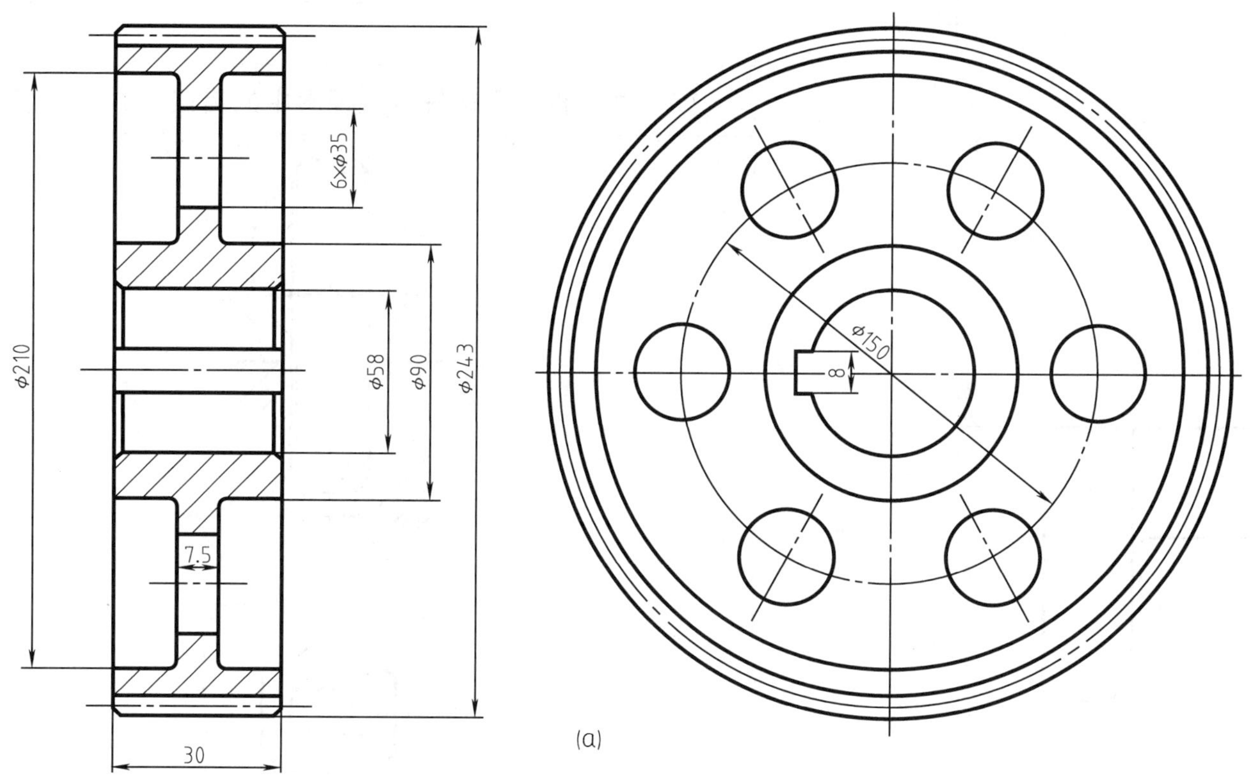

(a)

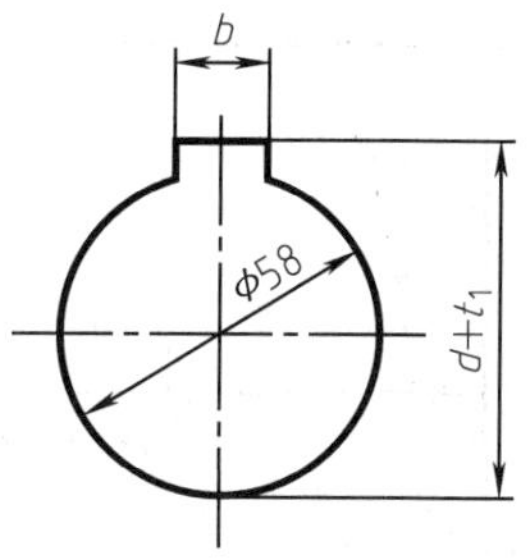

(b)

145

5.3 装配图

（1）已知两零件中的圆孔直径为18mm，厚度如图所示，试选用适当的螺栓、螺母和垫圈，用比例画法画出其连接装配图，并将所选紧固件的标记注写在下方给定的位置上。

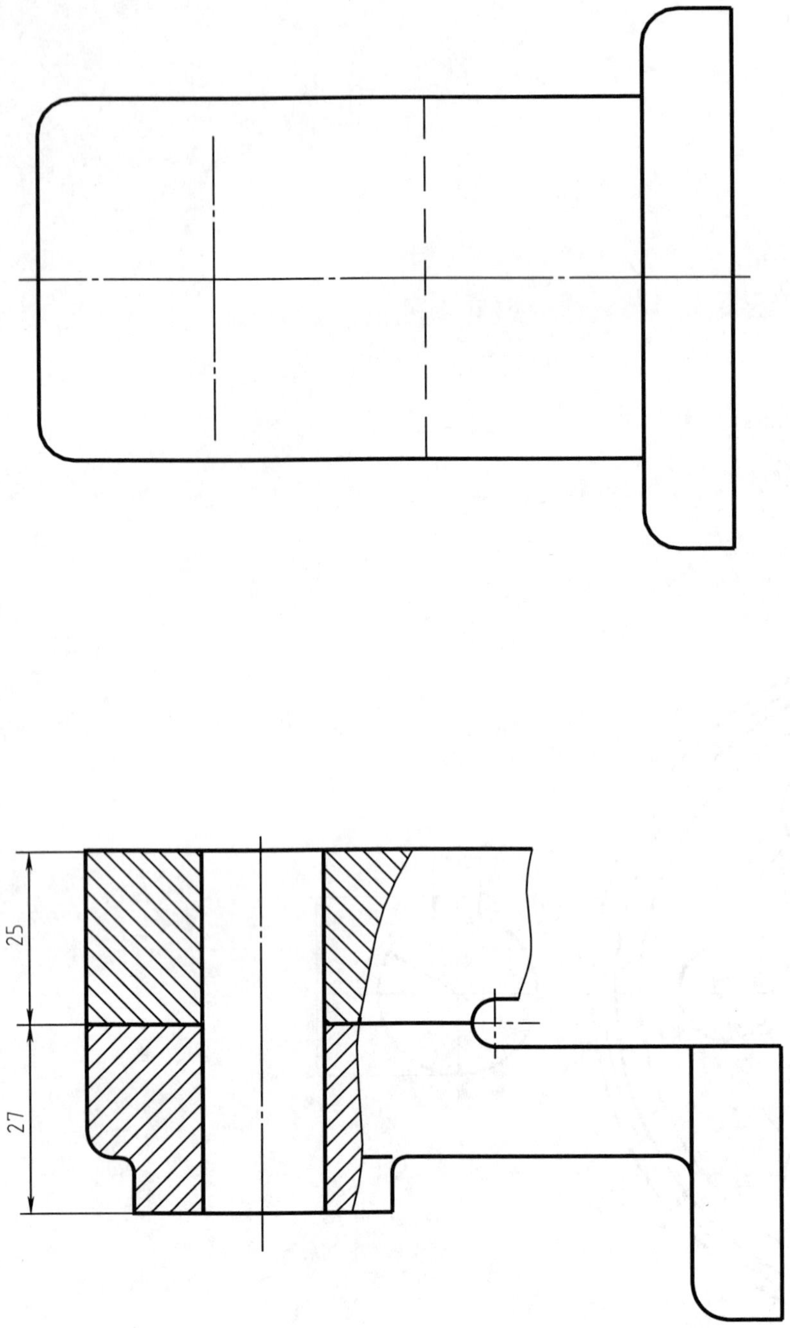

螺栓____________ 螺母____________ 垫圈____________

146

（2）试分析下面螺钉连接视图中的错误，并将正确的画在右边。

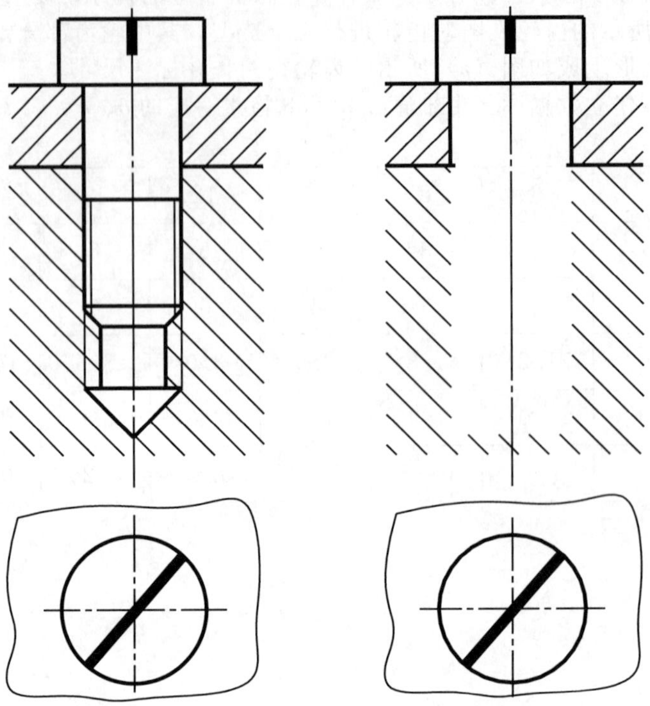

147

（3）试分析下面螺柱连接视图中的错误，并将正确的画在右边。

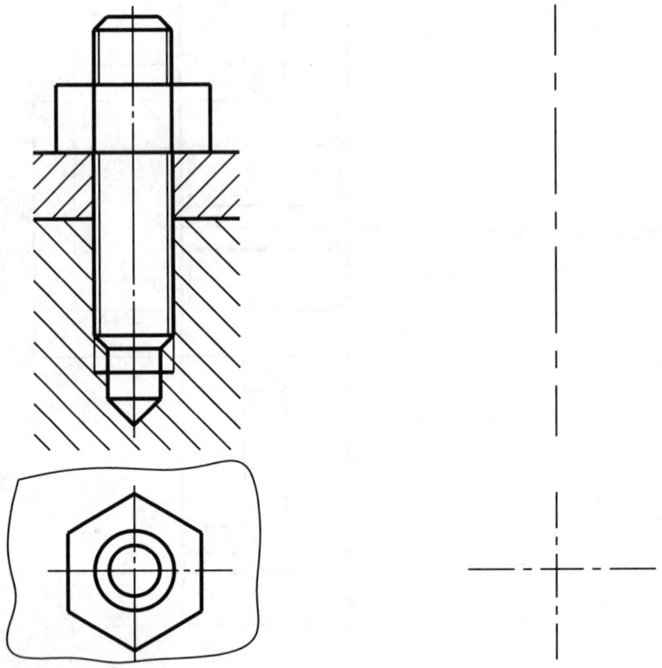

148

班级____________姓名____________学号____________

（4）已知三角皮带轮和轴用圆头普通平键连接，平键标准为：键 12×32GB/T 1096—2000，试分别查表注出键、轮毂和轴上键槽的有关尺寸，并在右下角按 1∶2 的比例画出它们的装配图。

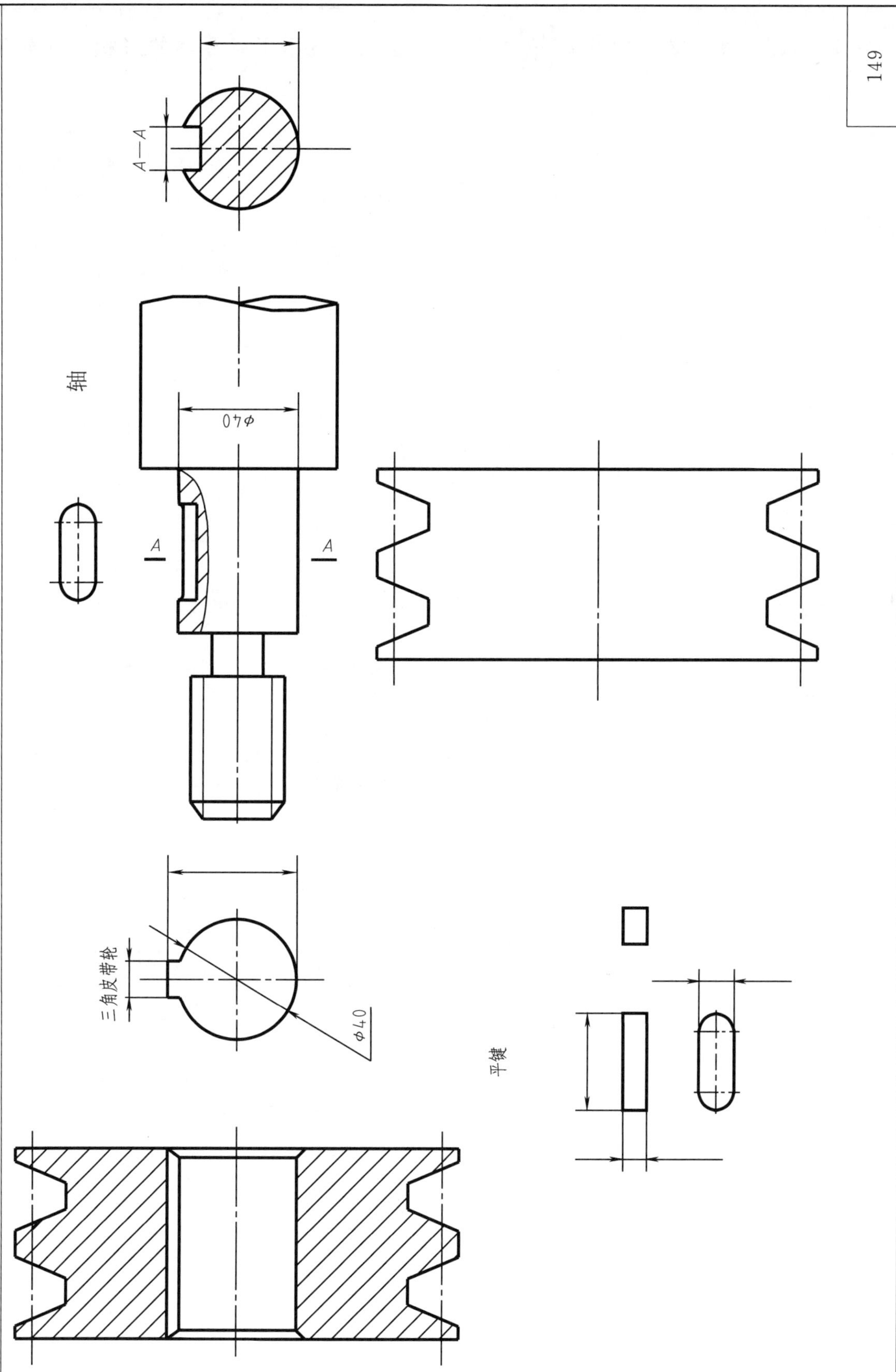

149

（5）试画出图示各连接零件的连接装配图（导管与接头以锥面相接触，并旋上螺帽压紧导管）。

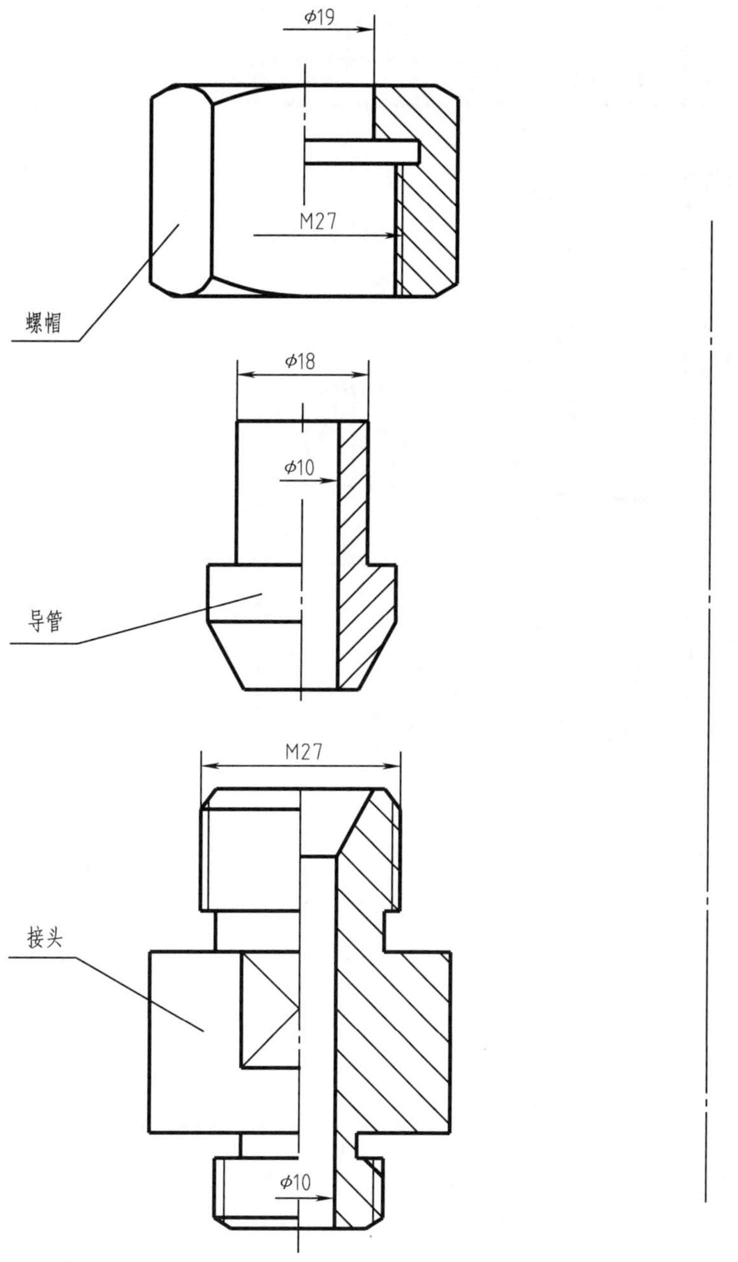

150

（6）读下面阀门的装配图，并回答下列问题。①分析零件间的装配关系，说明活门（件 2）的拆卸次序。②图中 $\phi 42\ \frac{H11}{c11}$ 表示什么含义？③读懂各零件的形状，并分别画出壳体（件 1）、活门（件 2）、轴（件 4）和压盖螺母（件 8）的视图。

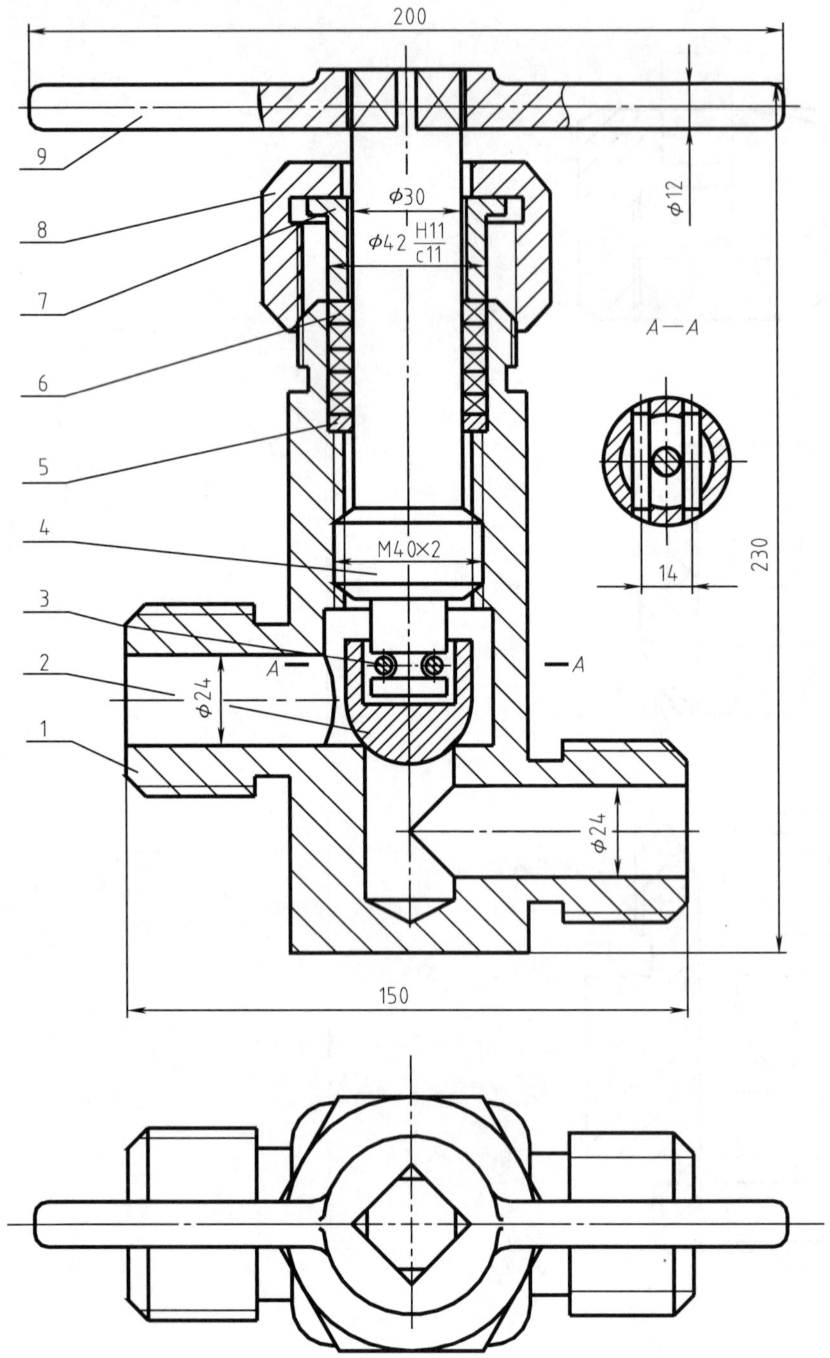

零件 1 壳体

零件 2 活门

零件 8 压盖螺母

零件 4 轴

工作状况：阀门是控制流体流量和流动方向的部件。当旋动手炳（件 9）时，轴（件 4）通过圆柱销（件 3）带动活门（件 2）上升或下降，以开启或关闭壳体（件 1）内部的通路，并以活门的开启大小控制流量。为防止流体外泄，轴与壳体间用填料（件 6）密封。

151

序号	名称	数量	规格	材料	单重	总重	图号或标准号
9	手柄	1		HT100			
8	压盖螺母	1		HT200			
7	压盖	1		HT150			
6	填料			石棉绳			
5	圆盘	1		Q235			
4	轴	1		45			
3	圆柱销	1	4×8	45			GB 119.1—2000
2	活门	1		ZQSn5-5			
1	壳体	1		ZG35			

阀　　门			比例	1∶2	Z-01	
			件数			
制图		日期	重量		共一张	第一张
描图		日期	华东理工大学			
审核		日期				

班级__________姓名__________学号__________

(7) 读下面柱塞泵装配图，并回答下列问题。①分析所采用的视图以及各视图的作用。②分析零件间的装配关系，写出下阀瓣（件 13）**和衬套**（件 6）**的拆卸次序。③柱塞泵上哪些表面有配合要求？试说明各配合代号的含义。④读懂柱塞泵装配图，拆画泵体**（件 5）**、管接头**（件 9）**、螺塞**（件 10）**、上阀瓣**（件 12）**的零件图**（只要求用合适的表达方法表示形体，尺寸、表面粗糙度等省略）。

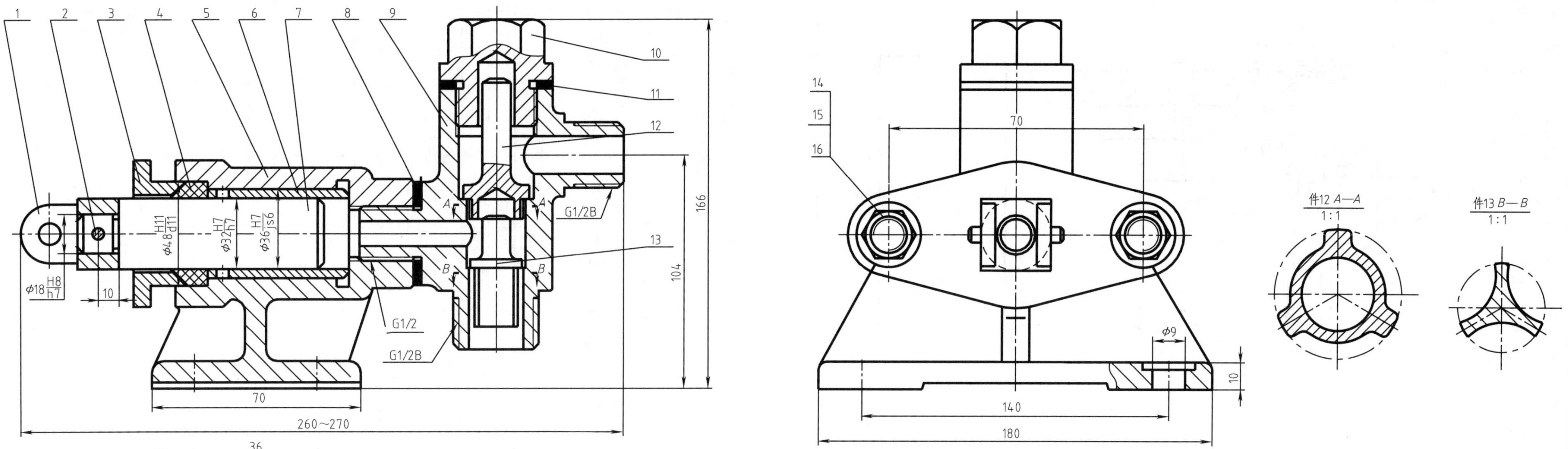

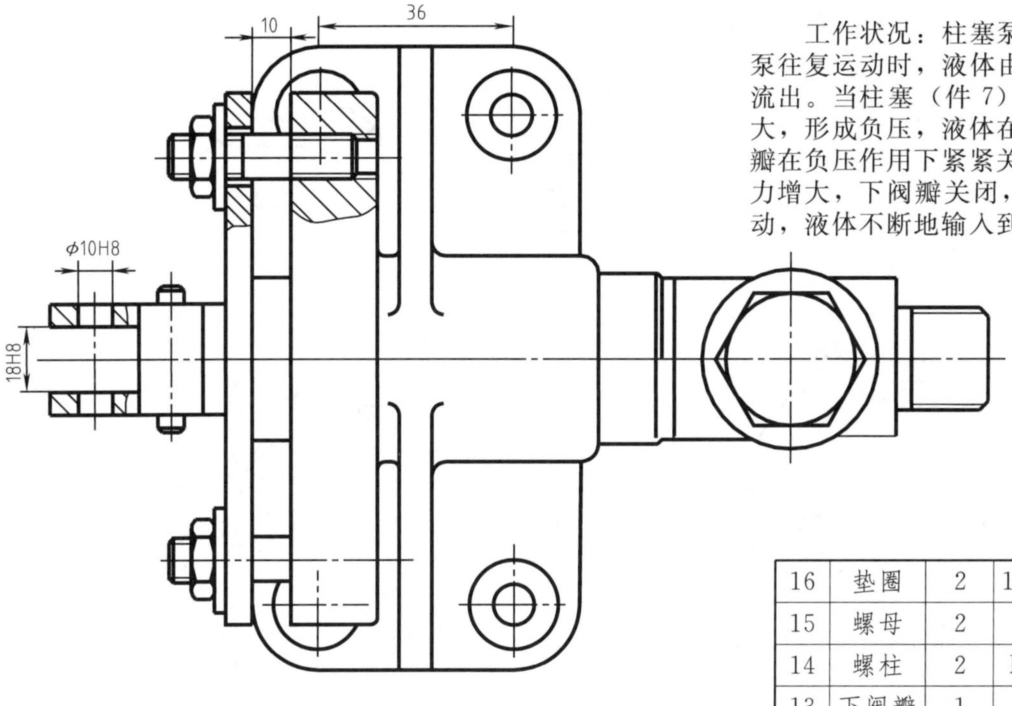

工作状况：柱塞泵是用来提高输送液体压力的供油部件。当柱塞泵往复运动时，液体由下阀瓣（件 13）处流入，上阀瓣（件 12）处流出。当柱塞（件 7）在外力的推动下向左移动时，腔体内体积增大，形成负压，液体在大气压的作用下推开下阀瓣进入腔体，而上阀瓣在负压作用下紧紧关闭。当柱塞向右移动时，腔体内体积减小，压力增大，下阀瓣关闭，上阀瓣打开，液体流出。由于柱塞的往复运动，液体不断地输入到润滑系统或其他需要的地方。

152

序号	名称	数量	规格	材料	单重	总重	图号或标准号
16	垫圈	2	10-140HV				GB/T 848—1985
15	螺母	2	M10				GB/T 41—2000
14	螺柱	2	M10×30				GB/T 5780—2000
13	下阀瓣	1		ZCuZn38Mn2Pb2			
12	上阀瓣	1		ZCuZn38Mn2Pb2			
11	垫圈	1		纸			
10	螺塞	1		Q235-A			
9	管接头	1		HT200			
8	垫圈	1		纸			
7	柱塞	1		45			
6	衬套	1		ZCuZn38Mn2Pb2			
5	泵体	1		HT200			
4	填料			油麻绳			
3	压盖	1		HT150			
2	销	1	A5×30	35			
1	连套	1					GB 119.1—2000

柱塞泵			比例	1∶2	6A10-00	
			件数			
制图		日期	重量		共一张	第一张
描图		日期	华东理工大学			
审核		日期				

班级________ 姓名________ 学号________

（8）读下面隔膜阀的装配图，并回答下列问题。①分析所采用的视图以及各视图的作用。②分析零件间的装配关系，写出阀杆（件 8）的拆卸顺序。③试说明塞子（件 13）和紧定螺钉（件 11）起什么作用。④读懂各零件形状，分别画出阀体（件 7）、套筒（件 6）和阀杆（件 8）的零件图。（用适合的表达方法表示形体，尺寸、表面粗糙度等省略）

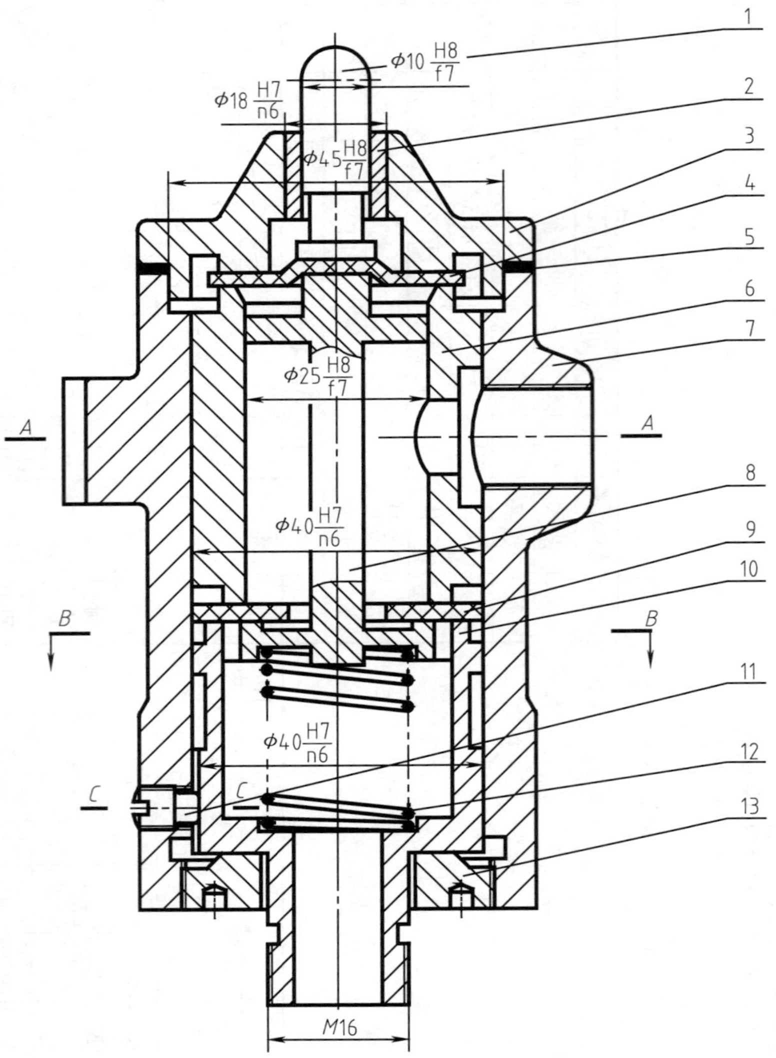

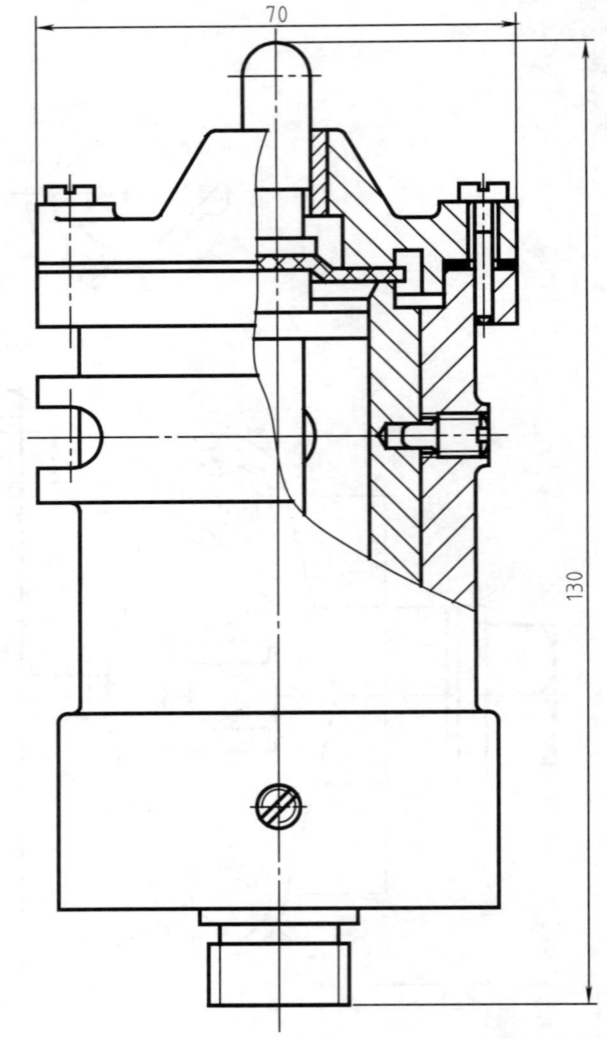

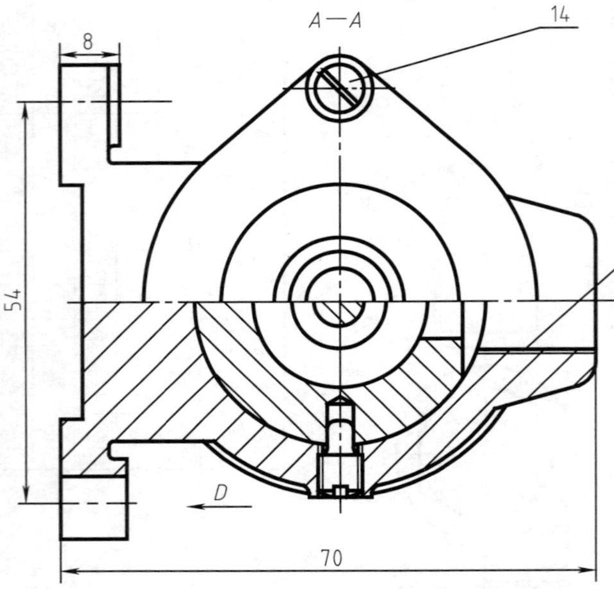

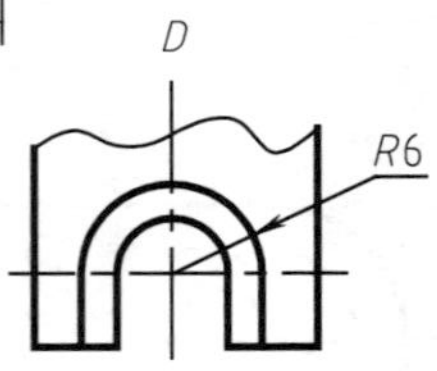

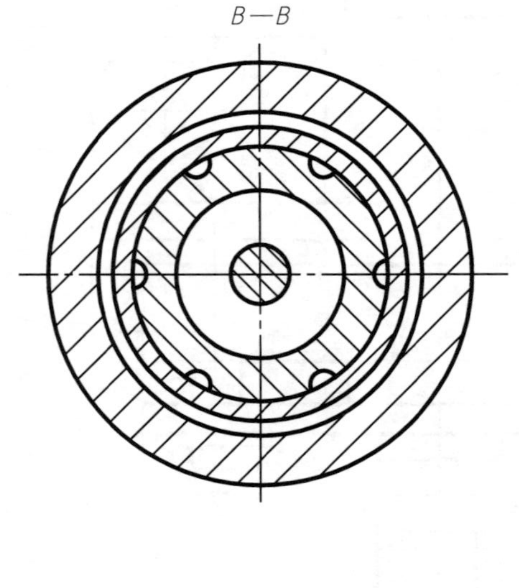

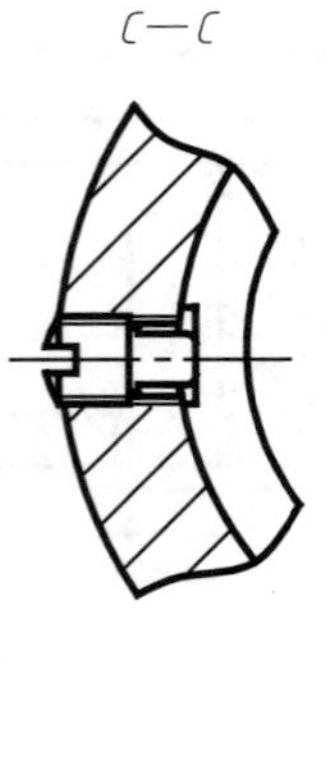

工作状况：隔膜阀是一种节制气流的阀门，当阀帽（件 1）受外力作用下压时，固定在阀杆（件 8）上的隔膜（件 4）因弹力作用下压阀杆，这样，与阀杆连接的弹簧（件 12）被压缩使阀杆与胶垫（件 9）间产生空隙，而阀门底部进入的气体就均匀地流入阀体（件 7）而排出，阀帽外力消除后，由于弹簧的弹力使阀杆压紧胶垫而气流不通。

153

序号	名称	数量	规格	材料	单重	总重	图号或标准号
14	螺钉	2	M6×20	Q235			GB/T 65—2000
13	塞子	1		Q235			
12	弹簧	1		50CrVA			
11	紧定螺钉	2	M6×10	Q235			GB/T 75—1985
10	阀套	1		Q235			
9	胶垫	1		橡胶			
8	阀杆	1		45			
7	阀体	1		HT150			
6	套筒	1		Q235			
5	衬垫	1		橡胶			
4	隔膜	1		橡胶			
3	盖子	1		HT150			
2	衬套	1		Q235			
1	阀帽	1		45			

隔膜阀			比例	1∶1		Z-03
			件数			
制图		日期	重量		共一张	第一张
描图		日期	华东理工大学			
审核		日期				

班级＿＿＿＿ 姓名＿＿＿＿ 学号＿＿＿＿

5.4 拼画装配图

（1）拼画装配图：根据三角皮带传动机构的装配示意图和零件图，按 1∶2 的比例绘制装配图。

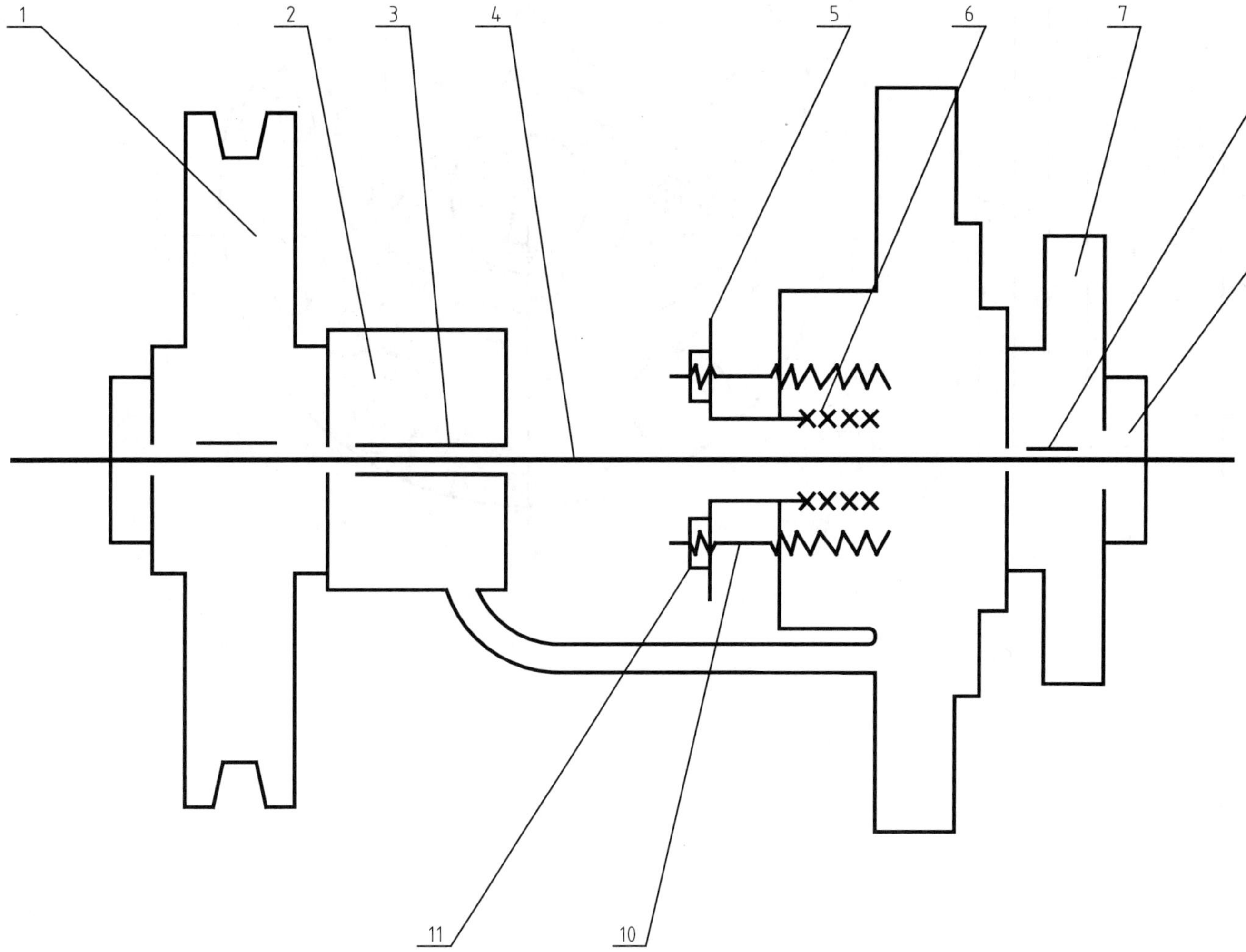

工作状况：三角皮带传动机构为一传递动力的传动部件。当皮带轮（件 1）转动时，通过键（件 8）带动支承在托架（件 2）上的轴（件 4）一起转动，套在轴上的齿轮（件 7）因键（件 8）的连接也随之一起转动，从而起到传递动力的作用。

154

序号	名称	数量	规格	材料	单重	总重	图号或标准号
11	螺母	2	M12	Q235			GB/T 41—2000
10	双头螺栓	2	M12×50	Q235			GB/T 879—1988
9	螺母	2	M20	Q235			GB/T 41—2000
8	键	2	6×25	45			GB/T 1096—2000
7	齿轮	1	$m=4$　$z=30$	TH200			
6	填料	1		石棉绳			
5	填料压盖	1		HT150			
4	轴	1		45			
3	衬套	1		ZQA19-4			
2	托架	1		HT150			
1	皮带轮	1		HT150			

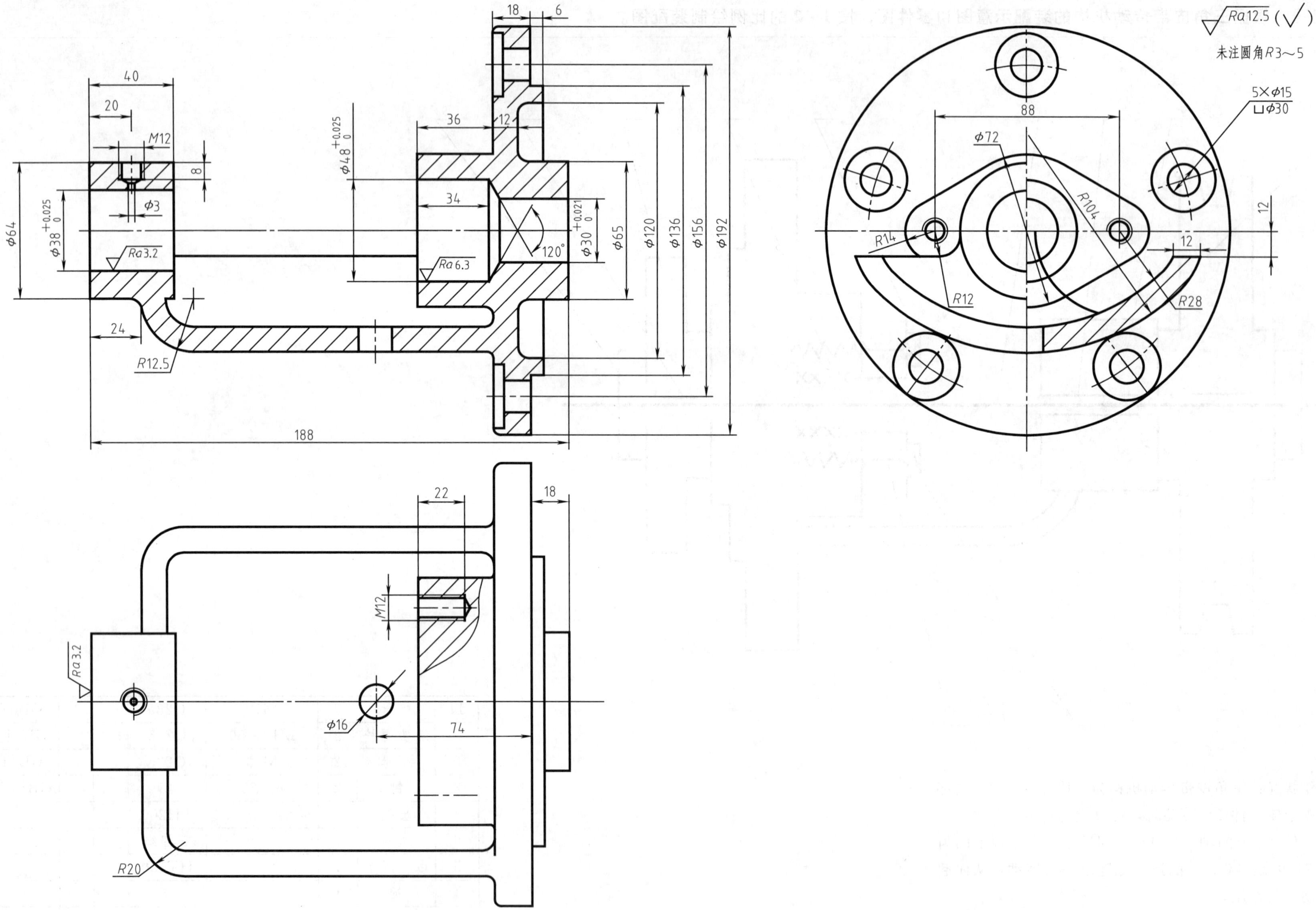

2	托架	1	HT150	1∶2	
序号	名称	数量	材料	比例	备注

班级__________姓名__________学号__________

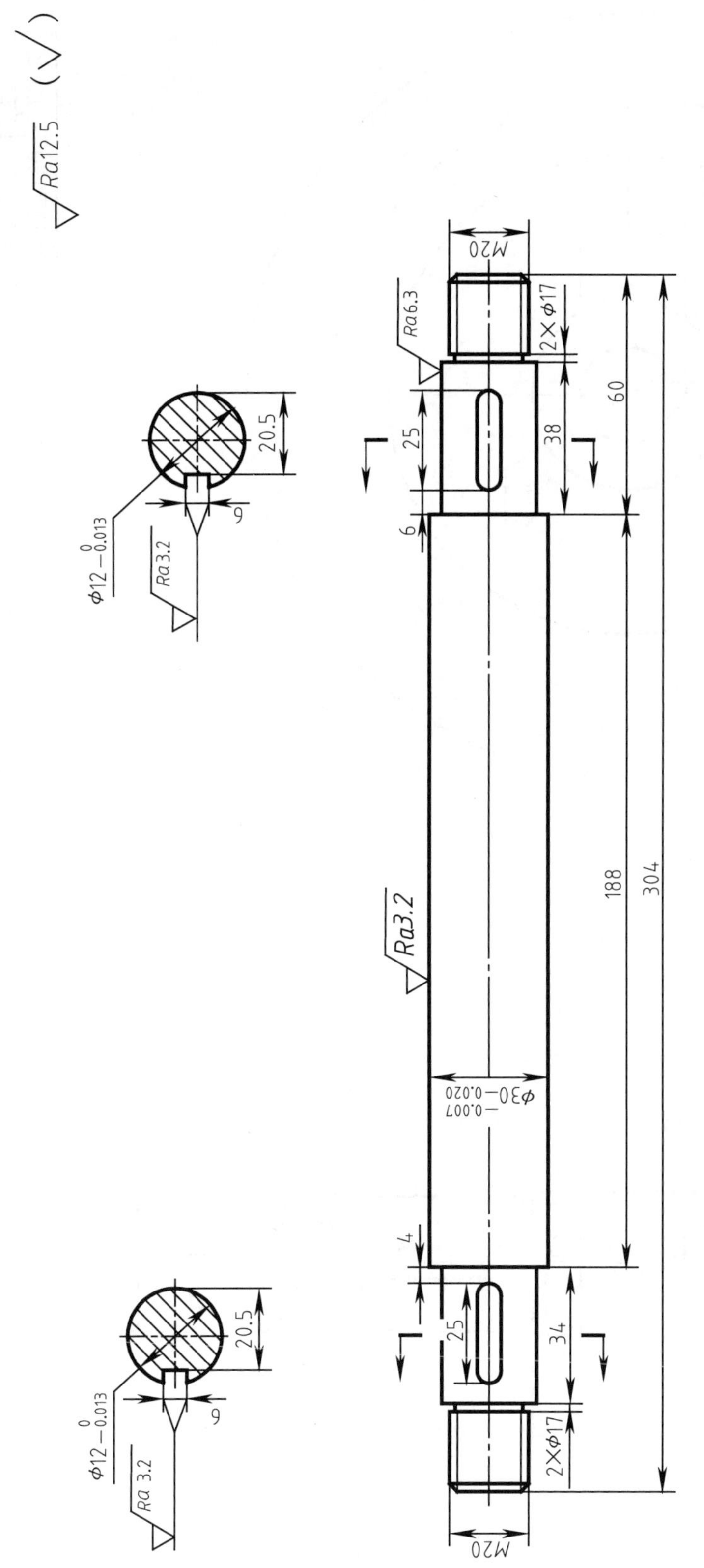

4	轴	1	45	1∶2	
序号	名称	数量	材料	比例	备注

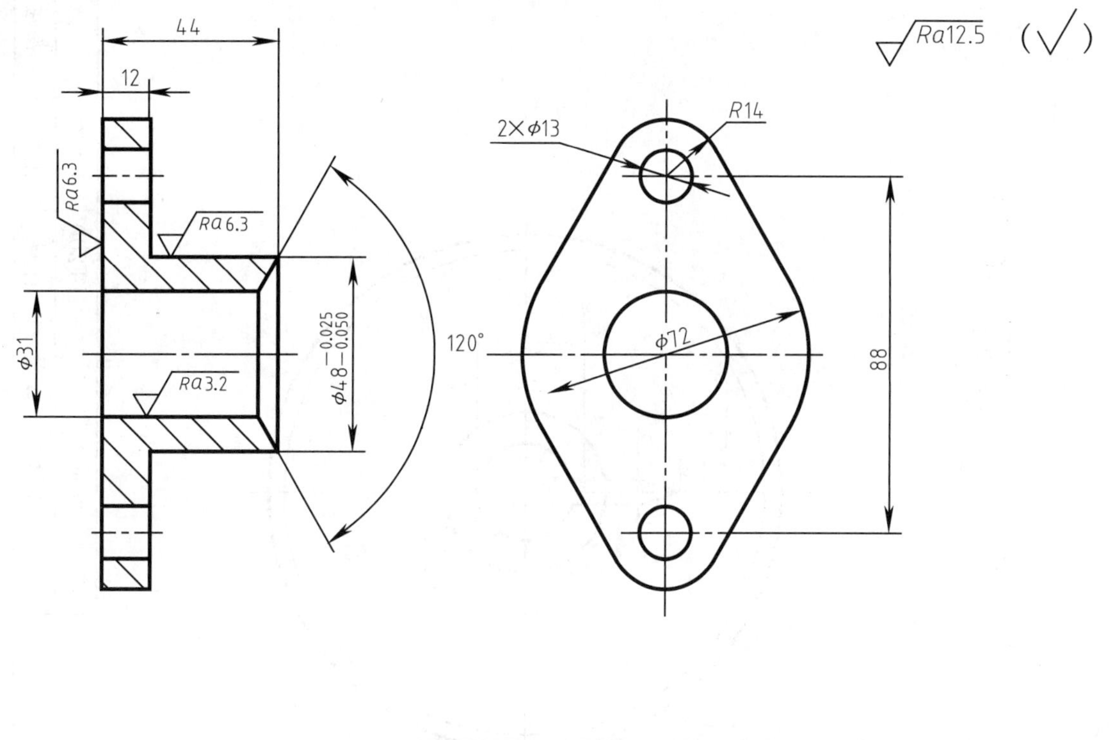

5	填料压盖	1	HT150	1∶2	
序号	名称	数量	材料	比例	备注

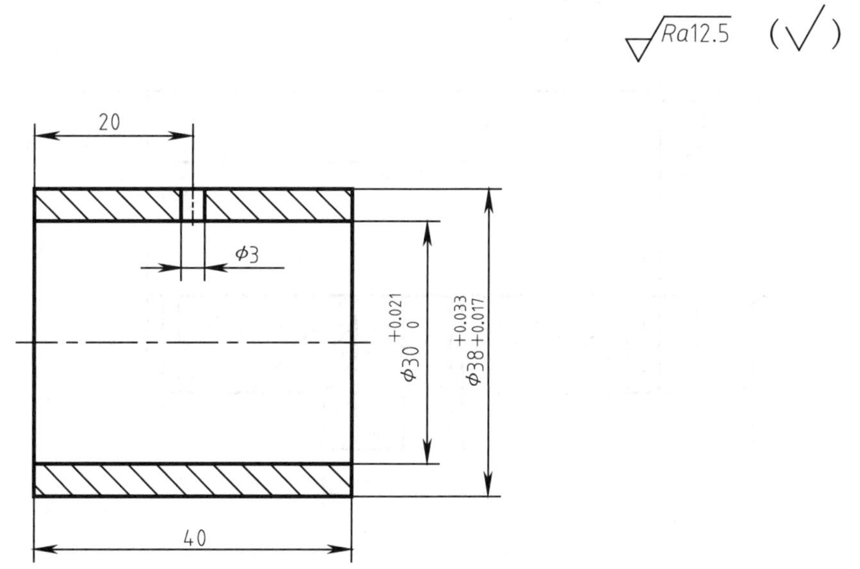

3	衬套	1	ZQA19-4	1∶1	
序号	名称	数量	材料	比例	备注

班级__________ 姓名__________ 学号__________

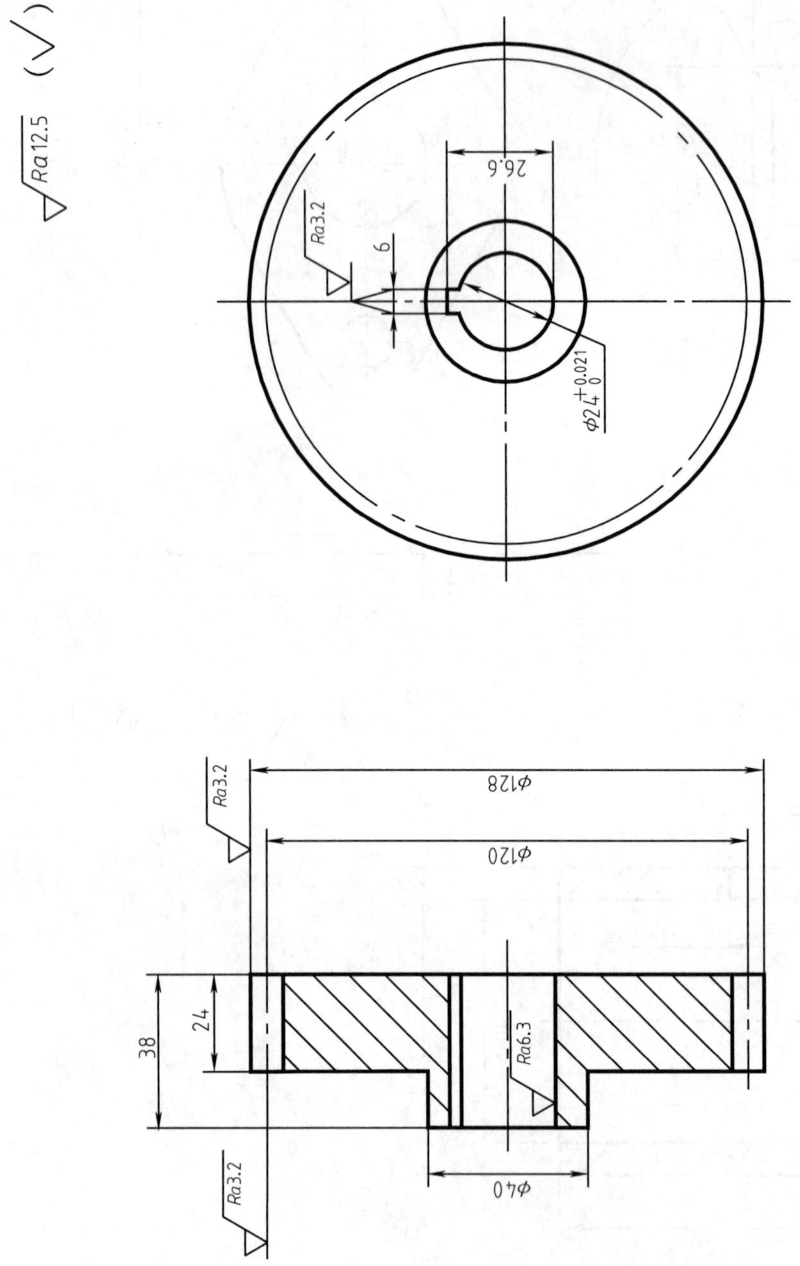

7	齿轮	1	HT200	1:2	
序号	名称	数量	材料	比例	备注

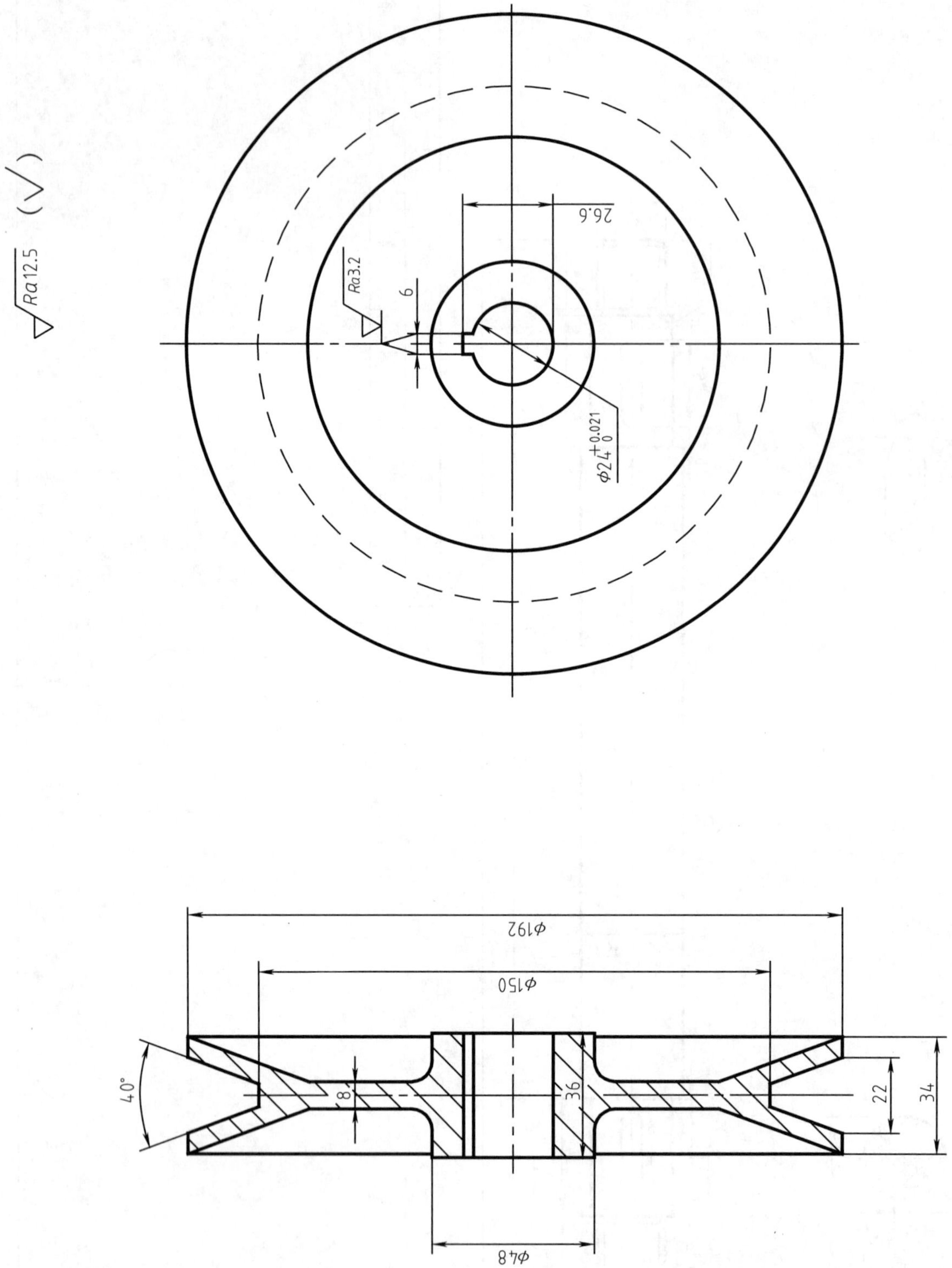

1	皮带轮	1	HT150	1:2	
序号	名称	数量	材料	比例	备注

班级____________ 姓名____________ 学号____________

（2）拼画装配图：根据手压阀轴测图、装配示意图和零件图拼画装配图。

工作状况：

手压阀是吸进或排出液体的一种手动阀门，当握住手柄向下压紧阀杆时，弹簧因受力压缩使阀杆向下移动，液体入口与出口相通；当手柄向上抬起时，由于弹簧力的作用，阀杆向上压紧阀体，使液体入口与出口不通。

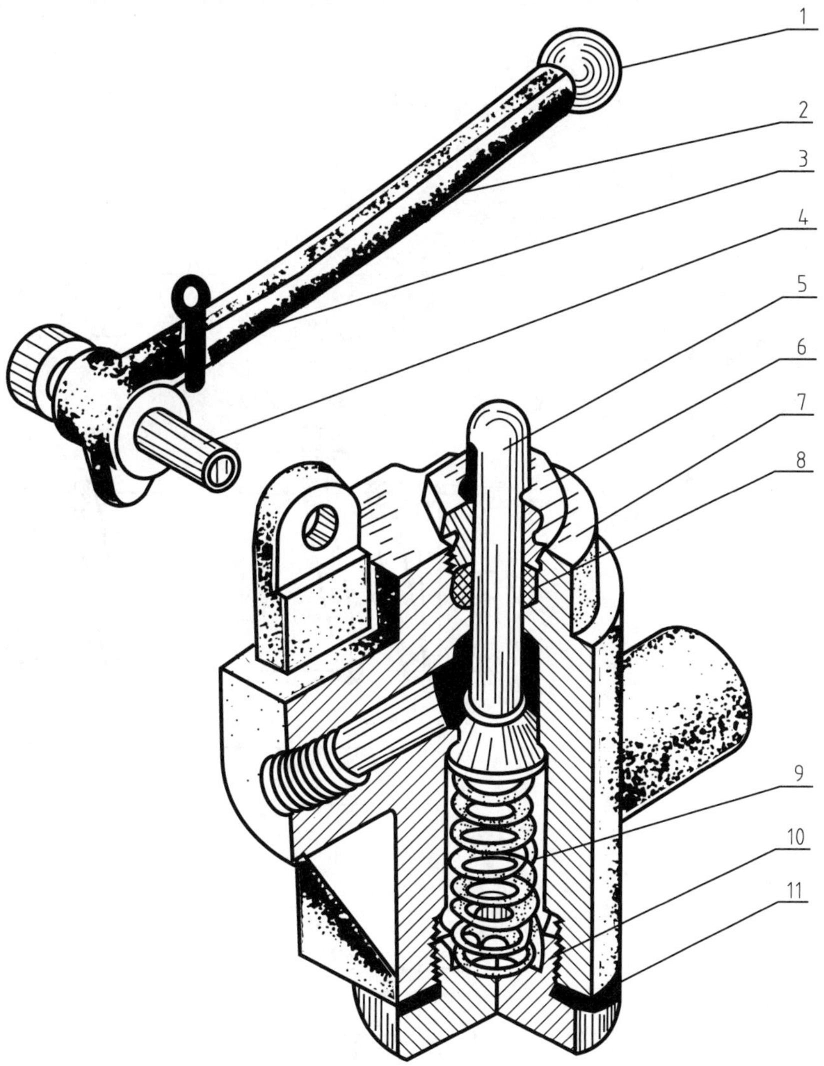

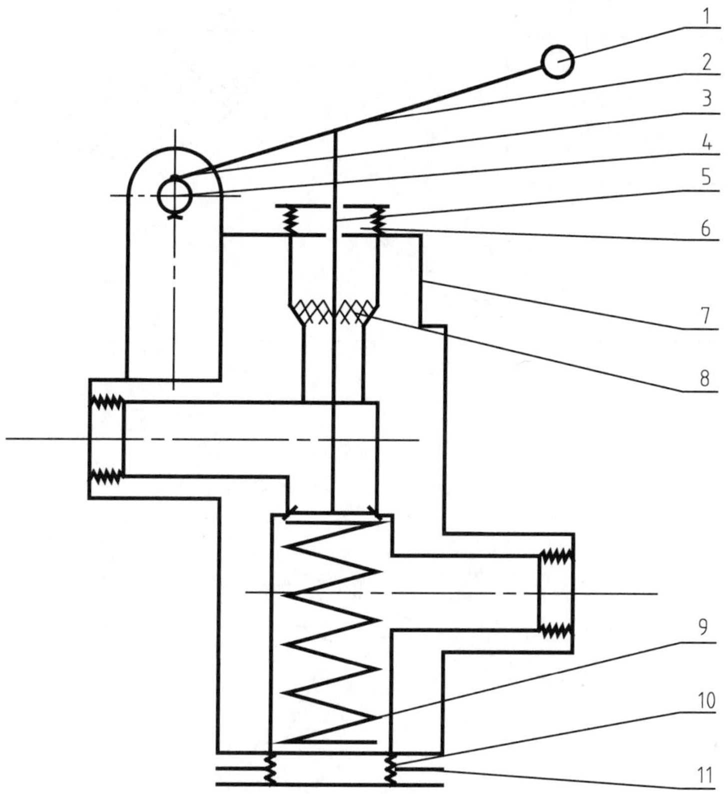

155

序号	名称	数量	规格	材料	单重	总重	图号或标准号
11	胶垫	1		橡胶			
10	调节螺母	1		Q235			
9	弹簧	2		Q235			
8	填料			石棉			
7	阀体	1		TH150			
6	锁紧螺母	1		Q235			
5	阀杆	1		45			
4	销钉	1		20			
3	开口销	1	4×16	Q235			GB/T 91—2000
2	手柄	1		20			
1	球头	1		胶木			

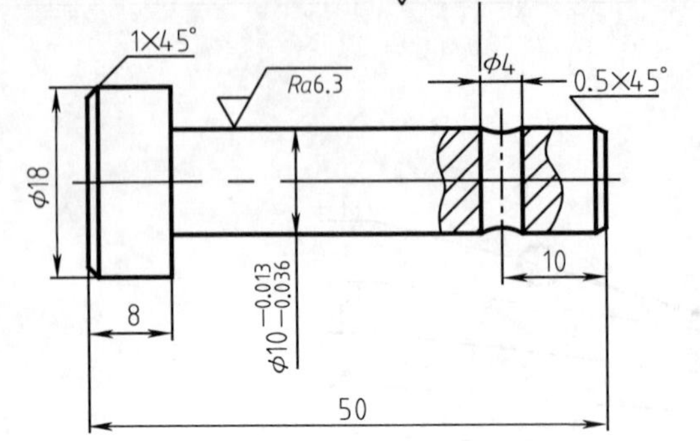

销钉

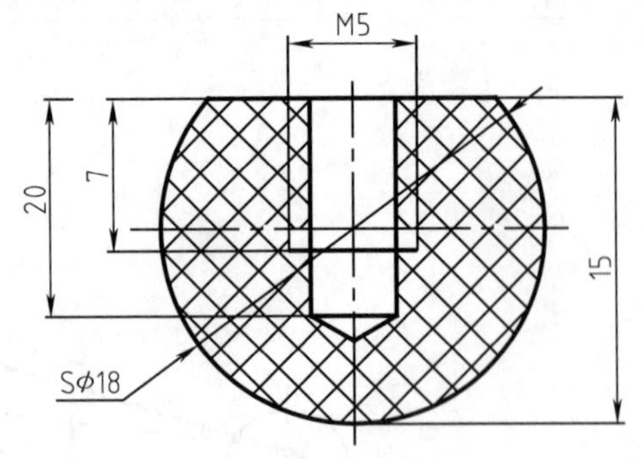

球头

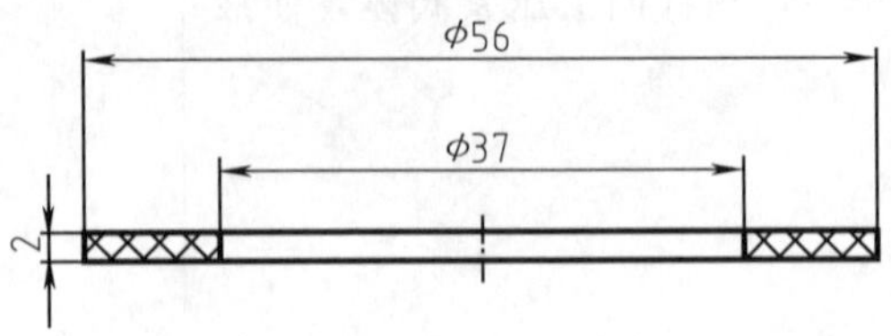

胶垫

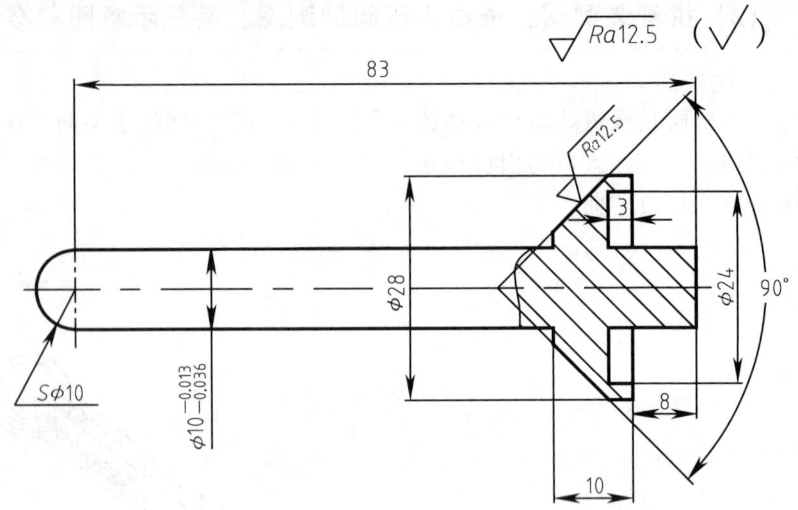

阀杆

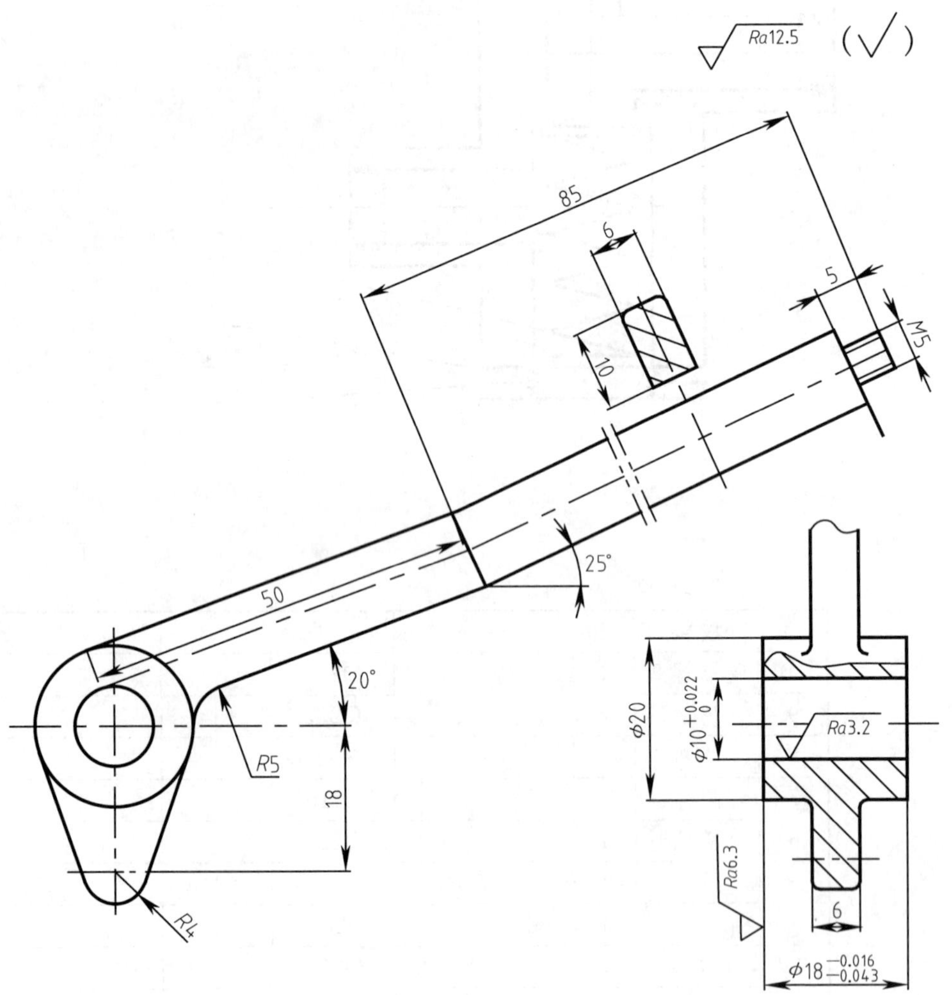

手柄

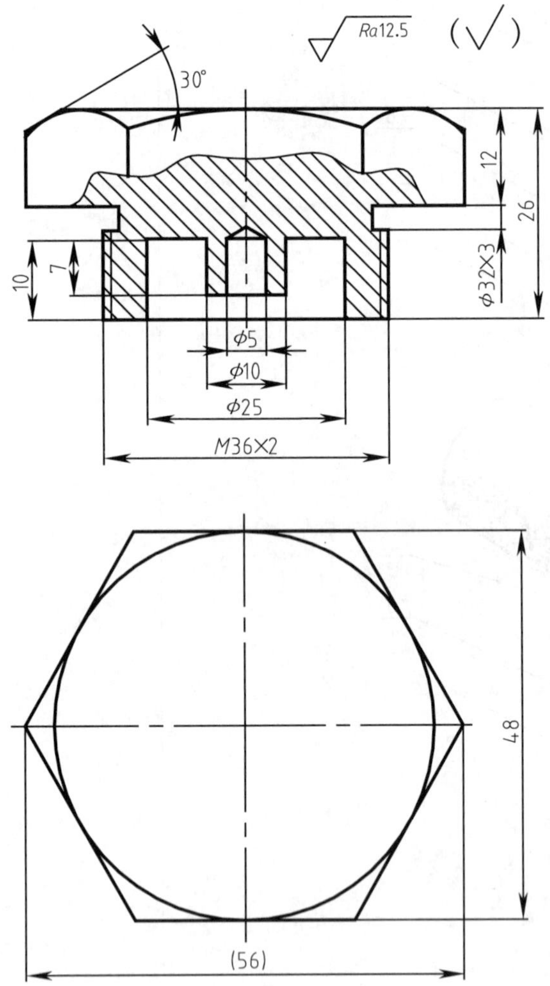

调节螺母

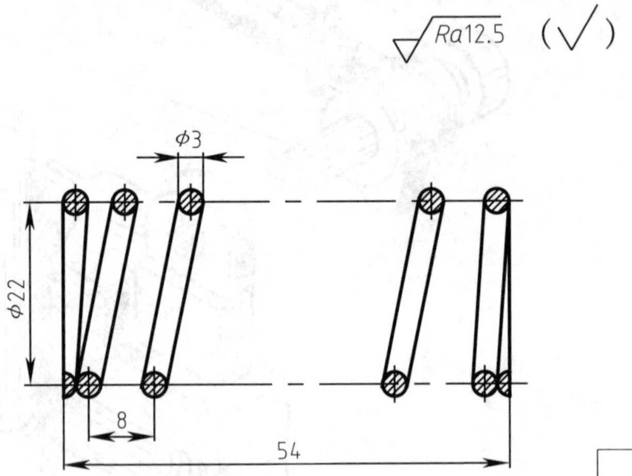

弹簧

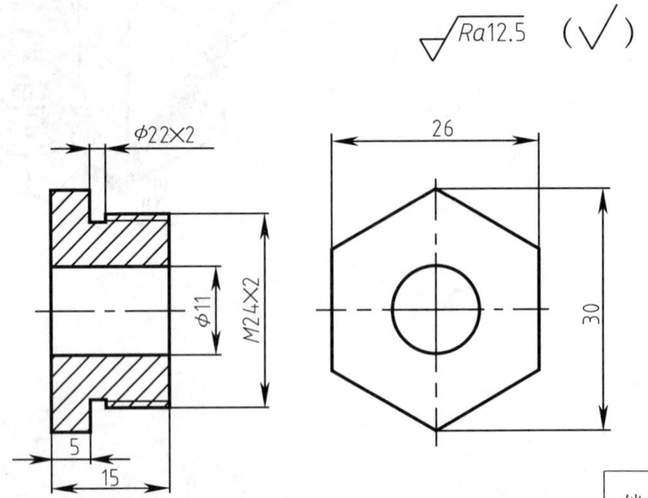

锁紧螺母

班级__________姓名__________学号__________

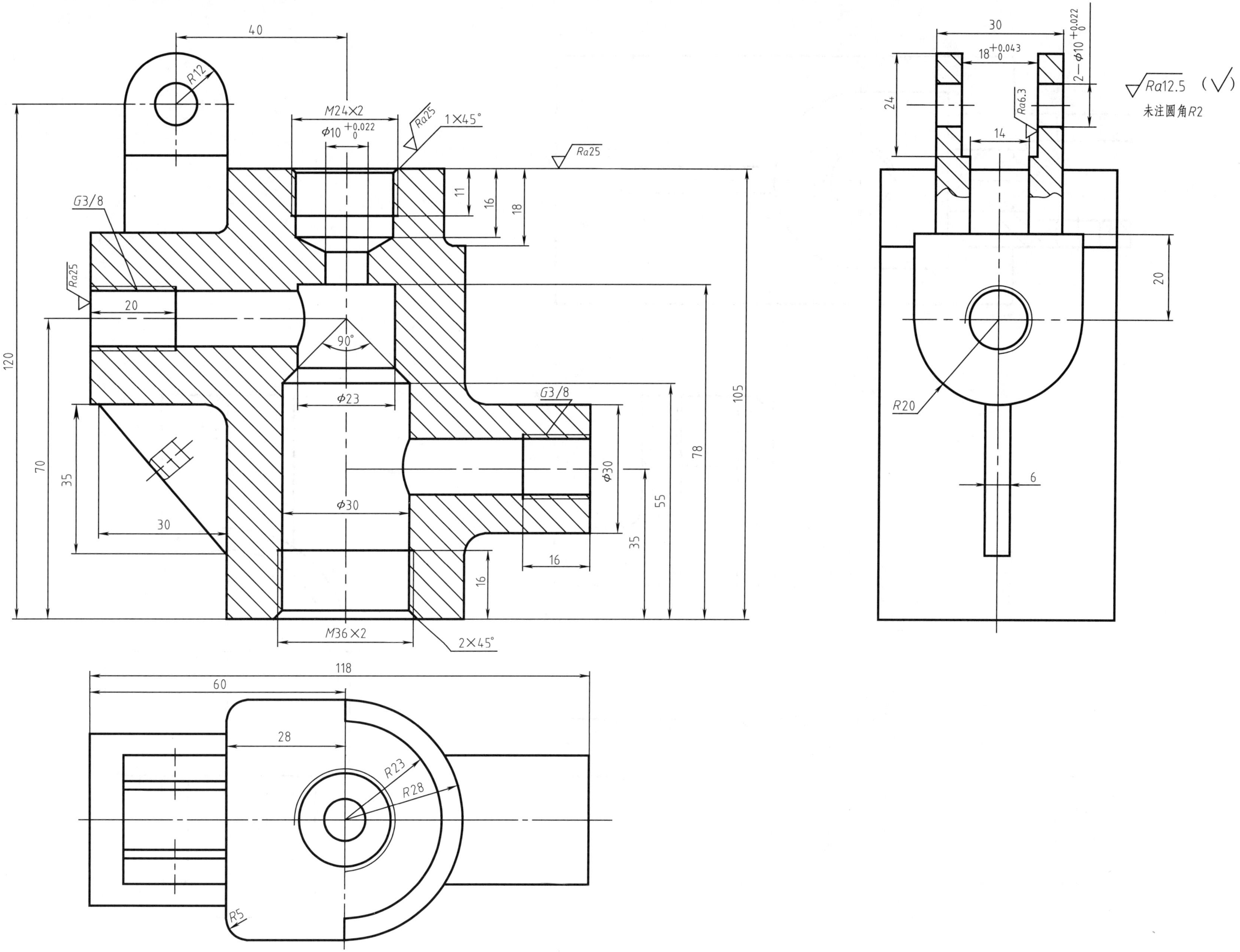

40
R12
M24×2
φ10 $^{+0.022}_{0}$
Ra25
1×45°
Ra25
G3/8
11
16
18
120
Ra25
20
90°
φ23
105
78
G3/8
70
35
φ30
30
φ30
55
35
16
16
M36×2
2×45°
118
60
28
R23
R28
R5
30
$18^{+0.043}_{0}$
2—φ10 $^{+0.022}_{0}$
24
Ra6.3
14
Ra12.5 (√)
未注圆角R2
20
R20
6

阀体

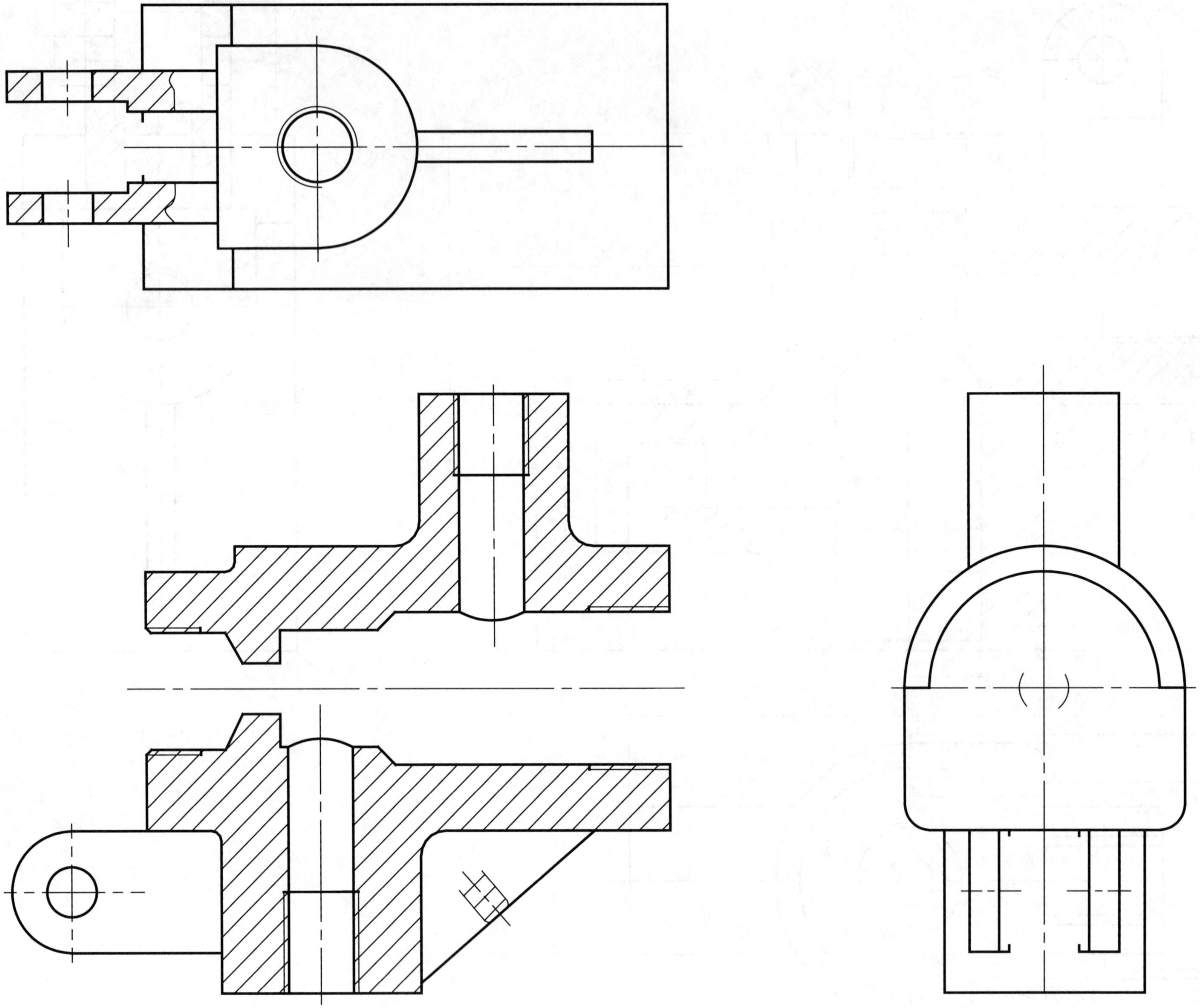

班级____________姓名____________学号____________

5.5 装配图实验

根据球阀装配图完成下列实验要求。

① 画出各非标准零件的草图，除装配图上已给定的尺寸外，其余尺寸自行设计。

② 根据零件草图，三维造型零件实体，并生成二维视图，制订零件图上的技术要求，标注尺寸，画出标题栏。

③ 完成三维装配图，生成二维装配视图（方法自定），最终完成如图所示的球阀装配图。

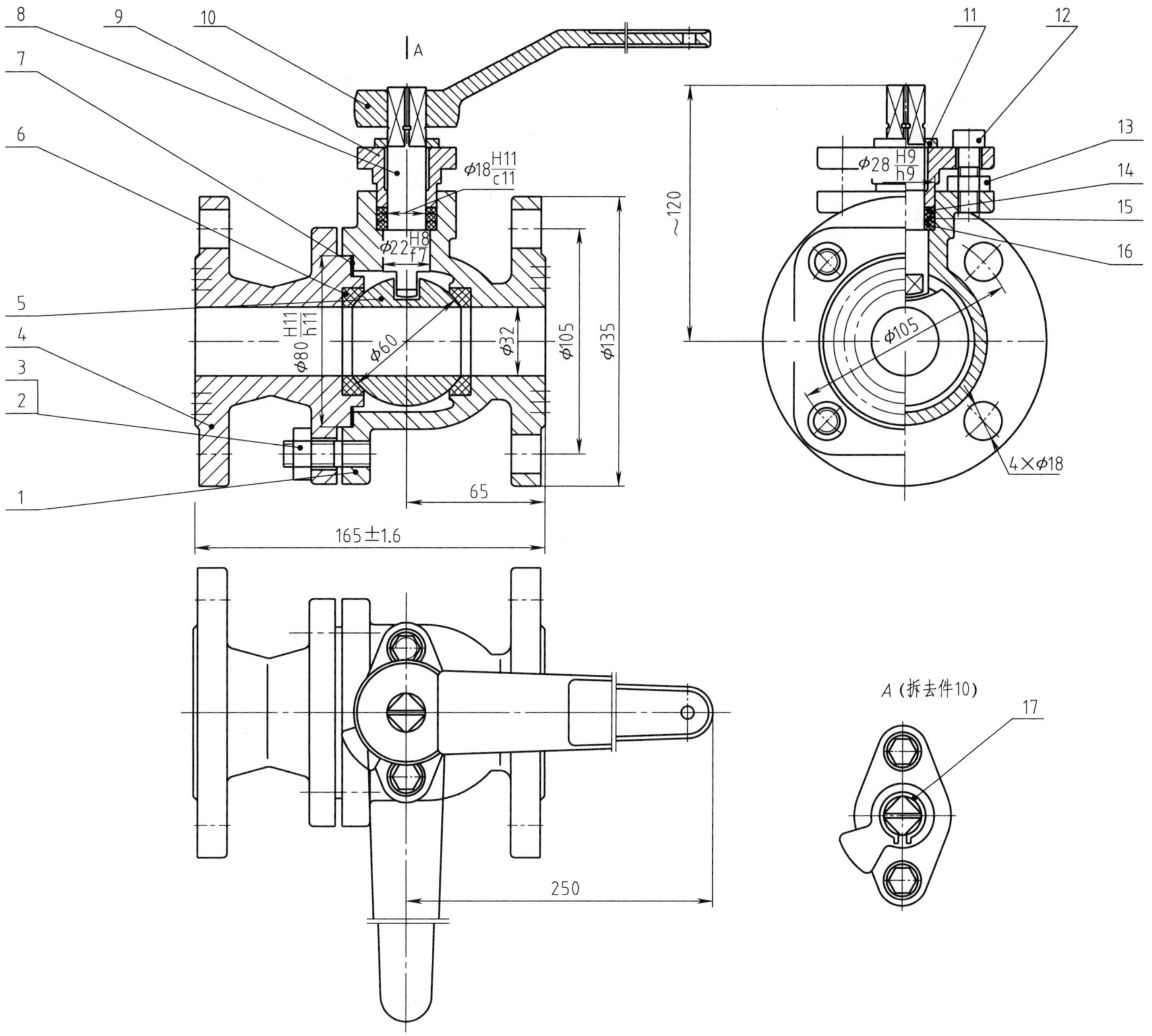

技术要求

1. 装配球阀时，手柄与管道需保持平行，装配后转动手柄应保证开关迅速，启闭灵活。

2. 球阀工作时应保证密封，无外泄漏。

性能规格

压力/MPa	公称压力 1.6
	强度试验压力 2.4
	密封试验压力 1.6
工作温度/℃	100
工作介质	水、油类等

156

序号	名称	数量	规格	材料	单重	总重	图号或标准号
17	弹性挡圈	1	18	65Mn			GB/T 894—2000
16	下填料	1		聚四氟乙烯			
15	中填料	1		聚四氟乙烯			
14	上填料	1		聚四氟乙烯			
13	螺母	2	M10	Q235-A			GB/T 41—2000
12	内六角螺钉	2	M10×35	35			GB/T 70—1985
11	定位块	1		ZG25			
10	手柄	1		ZG25			
9	填料压盖	1		ZG25			
8	阀杆	1		2Cr13			
7	垫片	1		聚四氟乙烯			
6	阀座	2		聚四氟乙烯			
5	阀芯	1		2Cr13			
4	阀盖	1		ZG25			
3	螺母	4	M12	Q235-A			GB/T 41—2000
2	双头螺栓	4	M12×32	35			GB/T 897—1988
1	阀体	1		ZG25			

球　阀				比例	1∶1		
				件数			
制图		日期		重量		共　张	第　张
描图		日期		华东理工大学			
审核		日期					

班级＿＿＿＿＿＿ 姓名＿＿＿＿＿＿ 学号＿＿＿＿＿＿